风流美学

[日] 冈崎义惠 —— 著

郭尔雅 —— 译

上海译文出版社

NIHON GEIJUTSU SHICHO，VOL 2：FURYU NO SHISO
by Yoshie Okazaki
© 1947，1948 by Wataru Okazaki
Originally published in 1947，1948 by Iwanami Shoten，Publishers，Tokyo. This simplified
Chinese edition published 2024
by Shanghai Translation Publishing House，Shanghai
by arrangement with Iwanami Shoten，Publishers，Tokyo

图字：09‐2021‐142 号

图书在版编目(CIP)数据

风流美学/(日)冈崎义惠著；郭尔雅译.—上海：
上海译文出版社,2024.4
(日本美学十八家译丛)
ISBN 978‐7‐5327‐9456‐0

Ⅰ.①风… Ⅱ.①冈…②郭… Ⅲ.①美学思想—研
究—日本 Ⅳ.①B83‐093.13

中国国家版本馆 CIP 数据核字(2024)第 053777 号

风流美学
〔日〕冈崎义惠 著 郭尔雅 译
责任编辑/姚东敏 装帧设计/尚燕萍

上海译文出版社有限公司出版、发行
网址：www.yiwen.com.cn
201101 上海市闵行区号景路 159 弄 B 座
徐州绪权印刷有限公司印刷

开本 787×1092 1/32 印张 10.5 插页 5 字数 176,000
2024 年 4 月第 1 版 2024 年 4 月第 1 次印刷
印数：0,001—4,000 册

ISBN 978‐7‐5327‐9456‐0/I·5916
定价：78.00 元

目录

于不风流中见风流

——日本"风流"论

在中国，所谓"风流"，是如风之流，亦是如风如流。于人物品藻，"是真名士自风流"；于文章赏评，是"不著一字，尽得风流"。风流亦是对自然、对自我、对自由的热烈追慕，是"越名教而任自然"，是"我与我周旋久，宁作我"，其中包含着"不自由，毋宁死"的气概。这样的风流，在萧萧肃肃的竹林，在玄对山水的方寸湛然，在丝竹管弦、泼墨丹青，在服药任诞、醉里乾坤，在屈胜之间皆雅逸的名士清谈之间……但无论如何，这源流于中国且蓬勃于中国的风流，所呈现出的，无疑是美妙的、畅快的、积极的样态。

而至"风流"一词及"风流"的精神传到日本，又将是怎样的表现呢？对此，现代日本美学家、文艺理论家冈崎义惠（1892—1982）《风流的思想》（1947）一书，叙述最详，分析最透，表明日本从古到今，形成了可以称为"风流美学"的传统。现将此书中的论文加以选译，收在"日本美学十八家译丛"中，为凸显主题，中文译名定为《风流美学》。

从《风流美学》，我们可以看到"风流"这一美学概念自中国传入日本之后，在日本文学艺术史、日本美学史上的历代演变以及种种表现，并由此看出独属于日本的风流特性。与中国的风流、朝鲜半岛的风流相比，日本式的风流诚然继承了中国风流美学的基本传统，但更带有日本传统美学原有的"物哀"的悲调、"幽玄"的幽暗，包含着"侘寂"的内心体验，更体现在坎坷无常、命途多舛的所谓"数奇"人生。其往往表现在乡野茅舍的清贫生活，漂泊无定的颠沛流离，跌宕起伏的人生遍历，甚至是在饱受疼痛折磨的病榻……总之，在许多看似与"风流"全然无关的"不风流"里，却有着日本式的风流，此即可谓"于不风流处见风流"。

而对这样的日本式的风流，冈崎义惠对其在病苦人生中的表现着墨颇多——

病苦的风流

想来，缠绵病榻的苦痛大约是这世间最不风流的事了吧。忍受肉体残酷的折磨，在垂死的时日里苦苦煎熬，眼睁睁看着自己的身体日益败落、丑陋，到最后甚至衰颓到盛不下自己的意志，只余下自我意志对残破肉体深深的陌生感、无力感与厌弃感。在这样的境况里，所谓"风流"又将如何产生呢？

我们自然明白，困缚病榻的痛苦本身决计算不得风流，但日本传统美学的一大独特之处、奇妙之处，似乎就正在于将消极与负面的东西加以审美化,"幽玄""物哀""侘""寂"皆是如此。而至"风流",将病痛与苦难加以艺术化与审美化,使之在对肉体的折磨与对精神的摧折之上,更成为足以唤起风流的某种机缘,使得病苦的灰暗色调中仍然可以流溢出一抹风流的亮色,由此成就日本风流之中尤为独特的"病苦风流"。因而,所谓"病苦风流",并不是说病苦本身之中蕴含着风流,而是接受病苦,而后超越病苦,最终达到开悟之境,而日本的"风流",正是在这从接受到超越到开悟的艰难过程中产生的一种超越的审美精神。

而其中将病苦风流诠释得最为深刻的,大约当属正冈子规(1867—1902)了。他短暂的一生本就是病苦的一生,也是在病苦之中追寻风流的一生。子规的病苦风流,也让他成为闪耀于明治初期文坛的异样的美的化身。

在冈崎义惠的《风流美学》中,细细品读冈崎义惠对子规的散文《松萝玉液》《墨汁一滴》《病床六尺》以及《仰卧漫录》的分析,便可大致窥知子规罹病之后的病与贫、苦痛与绝望、凄楚与厌世,而终至谛观与开悟。

子规早早罹病,面对病痛,他最初也是极为抗拒的,他无法直面镜子中自己后背的脓疱,更无法忍受身体地狱般的疼痛折磨,他靠着哭号嘶喊和麻醉药艰难地抵挨着时日。因为这极度的痛苦,他在枕下藏备毒药,不止一次地想过自杀,反反复复地追问活下去的意义。可子规到底还是子规,他因病痛而呻吟,而绝望,但很快地,他便开始在呻吟的尾音里,顺势添上一段小调、吟起一首谣曲。任谁都不得不感叹，这实在是一种异样的风流。而因着这添续于疼痛呻吟尾音的风流，他的痛苦竟然奇异地得到了瞬间缓释。也是自此，子规不再消极地应对身体的苦痛与内心的绝望，而是积极找寻着对抗苦痛与绝望的方式。在病窗外的一花一木，在日常简素的一啄一饮，在门人探望时的漫谈，在俳句短歌绘画里，甚至在这些我们如今读来都觉得触目惊心的记录病苦的文字中。

子规被困缚病榻，病房的一切大约都已被他用视线抚摸过无数次，熟悉得就像自己衰败的身体一般，唯有窗外随朝夕变幻的日色，因四时更迭的草木是新鲜的、灵动的，也最能慰藉他病中沉郁乃至陈腐的心。他会久久地凝望一枝横在病窗外的草花，想象在"梅花樱花桃花竞相开放的美丽山岗漫步的快乐"，会在痛苦难当的时候想起十数年前看过的一片石竹田，这都让他感受到片刻欢愉，然而也终究是片刻的，于是他为这些美好的风物写生描影、吟咏俳句短歌，让它们更长久地驻留于自己晦暗的生活。"吃下止痛药后作画，对此时的我来说便是最快乐的事情了。"他会缩短服药的时间，只为一遍一遍地画好一棵忘忧草，反反复复地调出一种略带黄色调的雅致的红，就在这样的日复一日里，他所描绘的一幅幅草花成帖，他为其中充溢的感性之美所吸引，缓解了身体的苦痛，他甚至通感了"神在为这些草花点染上色彩的时候所耗费的心神"，内心也获得了平静。子规实在偏爱草花，他说草花图"于我而言是仅次于我生命"的存在，他将《南岳草花画卷》视作一见倾心的美人，未得到时朝思暮想，得到后更是无比欣喜："我从前向往的《南岳草花画卷》已经是我的了，它就在我的枕畔。无论朝夕，不管过去多久，只要看到它，就觉得无比快乐，我甚至觉得有它在我或许都能活得久一些了。"正如冈崎义惠所说，子规可于病苦之中暂得欢愉，是风流，而这风流的本质，则是"对美的归依"。而子规到底是个俳人，他自然也要以俳句短歌去吟咏他所钟爱的自然物，左千夫探病时带来三尾鲤鱼，他信口吟咏"盆中蕴春水，鲤鱼喁喁私相语"，再有桌上生机盎然的藤花，病窗外一簇盛开的棣棠，尽都化作俳句跃动在他的《墨汁一滴》中，也如冈崎义惠所说，这些都"在很大程度上慰藉了病中的子规，亦堪称病榻风流"，也"实在是于风流世界中的一场素朴的逍遥游"。

而这些记录着他痛苦的文字本身，也是对他的痛苦的救赎，正如冈崎义惠所说："在这些作品中，子规无论表达着怎样的痛苦，在表达的刹那，痛苦便可得到缓解，也正是因为表达，痛苦才得以客观化，于是表达者就有了玩味自己苦痛的感受，而读者本质上则拥有了一种类似于苦痛享乐者的悲剧鉴赏状态。这便是对痛苦的审美化，是将不风流的事物加以风流化。"[1]

可以说，子规的病榻生活凄惨已极，其中没有任何我们惯常以为的风流中美好的、畅快的、积极的成分，但子规到底是艺术

1. ［日］冈崎义惠：《风流的思想》（下）、岩波书店、1947 年 11 月、第 167—168 页。

家，是诗人，他有着自己踏足风流世界的路径。在病与死的苦恼之下，在深刻的厌世情绪里，子规依然可以从自然与艺术之美中感受到生的欢愉，点亮晦暗的生活。同时，这些充溢着自然与艺术之美的作品，也成就了子规在明治初期文坛的声名，从这个意义上，似乎正如冈崎义惠所说的，子规所经受的苦与痛，"也只是为这样的美奉上的牺牲"。为美献祭自己的痛苦，多么像一场宗教仪式，而这场宗教仪式的终极目的，是超越，超越身体的苦痛，超越精神的颓唐，超越现世也超越死亡，最终走向平和，走向开悟，走向谛观，走向禅境。于是，正如《墨汁一滴》中子规的记文：

一人一匹
但将不时化身幽灵出游，敬请关照。
明治三十四年月日 某地
地水火风 公启

至此，他摆脱了对死亡的厌恶与恐惧，以"匹"用作人的数量词，"化身幽灵出游"，将死亡视为归宿，带着归返天地造化的洒脱，是极具俳谐风调的平和境界。然而身体的疼痛依然附骨蚀心，他哭号烦闷，可也是在无尽的哭号烦闷里，他意识到除了任由自己哭号烦闷之外，也别无他法，于是反而独得了开悟与谛观："我迄今为止一直误解了禅宗的'悟'，原来所谓'悟'，不是在任何情况下都能平静地接受死亡，而是在任何情况下都能平静地选择活着。"[1]他终于获得了彻底的超越，可以俯瞰那个在病痛中苦苦挣扎的自己，俯瞰那个对着自己的狼狈与挣扎嗤笑的自己，甚至俯瞰世人普遍的共性，这才是到达了一种悟道般的禅境，也是风流所能到达的终极。乃至于在他辞世的前一日仍写下了三首丝瓜的俳句，其中虽有哀感，更多的却是淡然洒脱的平和气息。正如冈崎义惠所说，"子规自始至终都未曾失却将病痛客观化的余裕之心，不得不说他是一位能够美化苦痛的大风流之士"[2]。而正冈子规正是在这些作品中，通过表达苦痛以缓解苦痛、客观化苦痛，甚至于玩味自身的苦痛，这边是冈崎义惠所说的近乎于"悲剧鉴赏"的状态，是"对痛苦的审美化，是将不风流的事物加以风流化"。[3]

如果说子规的病苦风流，是通过表达苦痛以缓解苦痛、客观化苦痛，甚至于玩味自身的苦痛，最终达到对苦痛加以审美化、风流化，从而于不风流中见风流。那么曾经与子规相交甚笃，也同样身患重疾的夏目漱石（1867—1916），则又是另一番光景。

对于漱石的风流观，冈崎义惠以明治四十三年漱石罹病为界，将其明确分隔为前期和后期。事实上更确切地说，漱石的风流历程，是可分为三个阶段的，第一阶段当为明治三十六年，即子规辞世的次年之前，这一时期漱石的风流，在他与子规的交游里，在他

1. ［日］冈崎义惠：《风流的思想》（下）、岩波书店、1947年11月、第170页。
2. ［日］冈崎义惠：《风流的思想》（下）、岩波书店、1947年11月、第173页。
3. ［日］冈崎义惠：《风流的思想》（下）、岩波书店、1947年11月、第168页。

们以汉诗与俳句的唱酬里，漱石深厚的汉文学修养以及自日本平安王朝时代承继而来的"哀"与"趣"，是他此时风流的底色。然而这一时期于漱石而言实在短暂，随着子规的病逝，漱石这饱含东洋趣味的风流之心也倏然闭合，他转而将目光投向了西方文艺与西方式小说的创作。此为漱石风流的第二个时期，或者更确切地说，此为漱石的"反风流"时期。

这一时期的漱石风流，主要表现在他的写实主义小说中，他在现实人生中吟味生的苦闷，反复地确认着自我又否定着自我，以一双带着社会正义感的锐利的眼，追究着人世罪恶和人心私欲，因而漱石这一时期的"风流"，事实上更确切地说是一种"反风流"，是对这丑恶世界中风流欠缺的戏谑与嘲讽，他以"反风流"的外在呈现表达着对"风流"的礼赞。而在这样的戏谑与嘲讽之中，也暗含着漱石内心深处深重的悲哀与苦闷。当然，这一时期也有如《草枕》《虞美人草》这般颇有风流意趣的作品，但到底难掩其"反风流"的苦闷主色。一直到明治四十三年，漱石患病，身体的病痛、生死之间的徘徊反而将他从内心的挣扎与苦闷中拯救了出来，他说，"我一时厌倦了艺术的理论和人生的道理"，于是，只求"一竿风月，明窗净几"，[1] 他又重新燃起了对风流的追慕之心。多么奇妙，反而是因着病苦，他走出了冷凝着一双利眼看世界时的风雨凄然，成全了于日光中肆意挥笔的静暖和煦。他又有了推敲汉诗俳句

1. ［日］冈崎义惠:《风流的思想》(下)、岩波书店、1947 年 11 月、第 216 页。

的余裕之心:"我的心从现实生活的压迫中逃脱,重返了本属于它的自由,在获得丰沛的余裕之时,心间油然泛起天降般的彩纹,兴致亦勃然而生,这已然很让我欣喜了,而捕捉到这样的兴致再将其横咀竖嚼,成句成诗,则又是一喜。当诗与俳句渐成,无形之趣转而成为有形之诗,便是更添其喜了。至于这趣、这形是否具有真正的价值,我已无暇顾及了。"[1]他也尝试绘画书法,无关乎艺术价值,或者说不计价值的艺术表达本身,方为风流。

如果说正冈子规是在病苦之中寻觅着解脱的可能,于是以自然、以艺术、以文字缓释着他的痛苦,并在这个过程中展现出了一种奇异的风流,风流于他而言即是一种疗愈,是他解脱病苦的舟船。那么于漱石而言,却恰恰是病苦本身疗愈了他的苦闷,当他深陷在对"自我"的挑剔与对人性之恶无以解决的苦闷中时,是身体的病痛将他从精神的苦闷之中拉拔而出,并带他实现了其文学生涯的一次回返与一场新生,此中便漫溢着风流的美。或者,换言之,他恰恰是以病痛为舟船,抵达了他曾经到达过后又逐渐远离的风流的境界。因而可以说,子规是借风流以解脱病苦,而漱石则是借病苦以到达风流,漱石的风流正在于,他原本就不以病痛为苦,大约也是因为身体的病痛于他而言远不及内心的挣扎更苦吧,于是,病痛于他,于他的风流,不仅没有表现出

1. [日] 冈崎义惠:《风流的思想》(下)、岩波书店、1947年11月、第220—221页。

9

痛不欲生的挣扎，也省却了子规一般依靠艺术缓释痛苦的过程，而是直接就那么悠悠然地通向了风流，或者说身体的病痛是直接与风流之境相链接的。

可见，"风流"所追寻的，从来不是欢愉和畅快本身，肉体也好，精神也好，欢畅到底短暂，只有近乎于悟道般的平和与安宁才是永恒，因而，无论是优雅奢华的风流，还是艳隐情欲的风流，抑或是苦痛数奇的风流，最终都是要超越的，超越奢华，超越情欲，超越痛苦，获得开悟，走向无尽的平和与安宁。

如果说上述的"病苦的风流"是风流在"身体美学"中的形态，那么还有一种日本式的"风流"则是在"人的存在"的意义上而言的，这也是冈崎义惠的《风流美学》所着力分析的——

"侘"之风流

"侘"是日本古典美学中极具民族特色的概念之一，其原指孤独凄凉的生活与心境，本是指一种负面的、消极的状态，及至室町时代茶道的兴起，"侘"搭载于茶道之上，形成所谓的"侘茶"，使得"侘"具备了审美的价值。[1]从"风流"美学立场看，"侘"也是一种风流，或者说"风流"美学包含"侘"的美学。

1. 参见王向远：《日本的"侘""侘茶"与"侘寂"的美学》，《东岳论丛》，2016年第7期。

如冈崎义惠所言，"风流"一语在日本经典的茶道著作中并不多见，时人并未以"风流"形容茶道，或者说茶道发展至"侘茶"，本就是对时人观念中的"风流"的否定。那种风流，是物质的、感性的，然而"侘茶"则是摒除了物质的豪奢和感官的享受，确立了一种超越其上的精神的、理念的美，是通过对传统"风流"的否定，而呈现出一种新的"风流"，是"不风流处也风流"。

在茶道和茶会的初期，人们还是更加偏重人工的摆饰以及对华美豪奢之物的喜好，这是对平安末期豪奢风流的承继，然而茶道发展至侘茶，人们开始喜爱"庭前木荫下燃起驱蚊火"更甚于繁复的茶会装饰与精巧的器物，并在那跃动的驱蚊火中感受到了人工雕饰所不具备的野趣，那是足以让人躁动的心逐渐平静的力量。由此，茶会由对人工感的追求走向对自然的向往，加之应仁之乱后禅宗的普及，偏好自然的审美趣向中，更带上了"于无一物中得自在"的禅意，这恰与"侘"之"物有所不足"却亦可随遇而安相切合。

首先，"侘"是一种狭小简朴的空间状态，其在茶道中主要体现在茶室的设计上。在"侘茶"创立之前，茶室所偏好的是精心布置的书院厅堂，其间宽敞奢华，一器一物皆求精致华美，但到了"侘茶"的创始者村田珠光，他摒弃了以往茶室的富丽堂皇，将茶室改造成四叠半的狭小空间，并简化了人工装饰，而至"侘茶"的集大成者千利休，进一步将茶室缩小到两叠半甚至一叠半，茶室的入口也设计得极为低小，这其中自然是有深重用心的。"如果他是武士，就把刀放在屋檐下的刀架上，因为茶室是无上和平的地方。然后客人们躬身走过三英尺高低的小门（"躏口"）进入茶室。这一躬身进门的动作是所有客人们——不论身份高低尊卑——所必须有的，目的是提示人们秉持谦让的美德。"[1] 正因入口低小、茶室狭窄，想要进入其间，就不得不放下身外的一切，躬身低头而入，于是，这对物理空间的限制延及人的心理空间，使人在放下身外之物的同时，亦放下了心头所有的俗世纷扰，以谦敬之心进入茶室，在狭小的空间中体会"本来无一物"的超脱之感。

而茶室以茅草做屋顶，以树干竹竿为屋柱，建造茶室之物，皆由自然中随处生长的材料取用而来，建成与自然略有区隔又浑然一体的茶室，事实上是颇有禅宗的意趣的。如冈仓天心所说，禅宗将人的肉体视作荒野之中以遍地生长的野草扎制的茅屋，它可能会随时四散开来并回归到原来的荒野中去。茶室亦是如此，以随地可以取用又随时可以没入自然的茅草、树干、竹竿修建而成，则体现出一种漫不经心的随遇而安之感，暗喻着世事人生的无常，也为"侘茶"更添了禅意，"风流"即由此而生。

而且，茶室亦称"すきや"，该词既可标记为"空屋"，也可标记为"数奇屋"。所谓"空屋"，即指除为了特定的审美需要暂时放置一些装饰物件之外，其他时候都是空无一物的，这正是日本的

---

1. ［日］奥田正造、柳宗悦等：《日本茶味》（代译序），王向远选译，复旦大学出版社，第107页。

室内装饰有别于他国之处，其既有空纳万物的道家意趣，更有流变不居的风流之感。而"数奇屋"之"数奇"，便是"数"之"奇"，并由这不对偶、不对称的本意延伸出不完全、不完备的意味，因而，"数奇屋"中的装饰，多不对称、亦不完满，这就为置身其间的茶人提供了将其在精神上予以完成的空间。这正是日本人所追求的"侘"之风流。

因此，我们说，"侘"之风流，在空间层面上而言，并不是对狭小逼仄而又简陋的茶室本身的喜好，而是通过进入这小小的茶室，到达一种超越俗世纷扰、看淡世事无常、体悟物之不足的境界，这一境界方为风流。如果说"侘"就是指"物有所不足"，那么，由"侘"中见出风流，则是通过审美与精神的活动，使"不足"变而为"足"，使"不完备"得以"完备"，使消极转而具备审美性。

其次，"侘"是一种"涩"的味觉、触觉、视觉体验，并可由此引申至"数奇"的生命体验。

饮茶之人皆知，单就味觉体验而言，茶的苦涩之味初尝并不会即刻就令人感到愉悦。如果说味道也有积极与消极之分的话，那么甘美的、顺滑的味道应当是积极的，而苦涩的茶味则应当是消极的，是可以对应到"侘"的。

对于茶的苦涩之味，中日两国茶人皆有推崇与论说，但实际上其出发点与侧重点不尽相同。对此，王向远在《日本茶味》的序言中便有所分析："中国的爱茶人对茶的苦味或苦涩味的推崇，与其说来自苦涩味的爱好本身，不如说是在'甘'与'苦'对立转化的意义上看待'苦'味的价值。"[1]可见，对于茶的苦涩之味，中国茶人的推崇主要是来源于苦后回甘的味觉感受和精神期待，其所偏好的，更多还是苦涩之后的甘甜回味，而不是苦涩本身。事实上对于生命状态的体悟亦是如此。面对苦难，中国人更多是抱着先苦后甜、苦尽甘来的期许去忍耐苦难、走出苦难的，并不会对苦涩的味觉与苦难的人生本身有过多的欣赏与感味。

然而当茶道传到日本，日本茶人面对茶的苦涩味，却将"涩味"本身加以审美化，并与"数奇"的生命状态相铆接，形成了以味觉为表征的"侘"之风流。

日本茶道首先在审美上便承认"涩味"是与"甘味"具有同样审美价值的味觉感受，其只是与甘甜爽滑的味觉、与华美绚烂的视觉相对举的另一种朴素的美。甚至作为一个擅长于消极之中见出美的民族，日本对于"涩味"反而往往会表现出较之于"甘味"更多的偏好。此为味觉上对"涩味"的认可。

而"涩味"的触觉与视觉感受，更多可表现在茶器上。茶器作为茶会的"眼目"，颇能体现一场茶会的风调。日本对于茶器的喜好，在珠光、绍鸥之前，更多是偏向于中国式的精美华贵的茶器，但到了珠光、绍鸥，尤其是千利休，茶器亦开始追求"涩味"之美，亦即触感粗糙、形制不甚规则对称、无图纹修饰的粗陶茶器。

1.［日］奥田正造、柳宗悦等：《日本茶味》（代译序），王向远选译，复旦大学出版社，第4页。

而这种茶器的不规则和不对称感，正可对应到柳宗悦所说的"破形"之美、"奇数"之美，其所表达的是一种数之不偶、物有零余的未齐备状态，与具有规定性的完备状态相对应，这也是"数奇"这一审美概念的最表层含义。

而"数奇"由此"奇数"之美进一步引申，则主要用以表达人生际遇的不完满，所谓"百不如意"，故而波折坎坷的人生亦称"数奇"人生。但是面对"数奇"人生，恰如日本茶道将苦涩茶味作为味觉的一种、甚至更高级的味觉的一种加以审美化一样，"数奇"人生亦被作为人生的形态之一加以体会玩味。而且若将人生视作一场体验的话，单就体验的丰富性而言，波折坎坷的"数奇"人生自然要比平顺的人生更加波澜迭起，而每一帖的波澜里，都是平顺人生中不会出现的生命之"奇"。

此外，"数奇"（すき）因与"好"（すき）同音，亦有对某种艺能的喜好乃至执著之意，但此种喜好与执著，已不同于普通的爱好，而是达到了"执心"的地步，但"数奇"之为"数奇"，正是因为这种"执心"不至于使人沉溺而无法自拔，因而如冈崎义惠所说："'数奇'的终极实际上是执迷于'道'而又超脱于'道'，其最终是要上升到'无'的境界。"而只有这样的"好"，方为"风流"。因而，"数奇"与"好"，正如同苦难与风流，是绝对矛盾的对立与统一，而侘茶则是"数奇"与"好"的物质呈现与外化表演。

事实上，在茶道之外，日本美学中亦有对"涩味"的阐发。现代哲学家九鬼周造便在其美学名著《"意气"的构造》一书中，将"涩味"与"甘味"这样一组对立的概念纳入"意气"美学的范畴，以"涩味"指称"游廓"（花街柳巷）之中男女交往时的矜贵、倨傲的姿态，其与"游廓"中常见的顺从与献媚的"甘味"相反照，呈现出一种独特的魅力。[1]

而当"涩味""数奇"发展到极致，则会展现出一种如柳宗悦在《日本之眼》中所说的"无地"之美，"无地"原是对器物或布料纸张不带有任何纹样修饰的形容，后与佛教"无"的思想相结合，成为茶道中所追求的究极之美。"无地"之"无"，并不是对"有"的简单否定，而是以对"有"的消隐为前提，去包纳更多的"有"、无限的"有"，是"无地"之中有"天地"，也正是"不风流中见风流"。

因而，"侘"之风流，是在看过繁华也历过磨难之后，身居陋室而自得其乐、身处困境而超然物外，是"于不自由中而不生不自由之思；是于不足中而不起不足之念；是于不顺中而不抱不顺之怨"[2]，是于不风流中得见风流。此为茶道，特别是侘茶中的日本式"风流"，而冈崎义惠在"风流美学"的立场上，更谈到了日本文学的重要样式"俳谐"（俳句）中的"风流"。对于这种风流，"俳圣"松尾芭蕉常称之为"风雅之寂"[3]。在"风流美学"的立场上，

---

1. 参见〔日〕藤本箕山、九鬼周造等：《日本意气》，王向远译，吉林出版集团有限责任公司，20212年11月。
2. 〔日〕冈崎义惠：《风流的思想》（上）、岩波书店、1947年11月、第144页。
3. 参见〔日〕大西克礼：《日本风雅》，王向远译，吉林出版集团有限责任公司，2012年5月。

也可以称为——

"寂"之风流

"寂"在日本古典文艺美学中是至关重要的一个范畴，其主要指向俳谐美学。同时，也是冈崎义惠在《风流美学》中对之予以"风流化"的一个重要概念。关于"寂"，王向远在《日本风雅》译序中对其进行了内涵与外延的详细解释，其含义包括"蝉噪林愈静"的"寂之声"、暗淡古旧而素朴的"寂之色"、寂然独立自由洒脱的"寂之心"。而"寂之心"作为俳论的核心，其中又存在着四个对立统一的范畴，即虚与实、雅与俗、老与少、不易与流行。而在《风流美学》中，冈崎义惠更着重于阐释其中的"俗"而近乎于"鄙"的"风流"，以及作为俳谐之名的"滑稽"之"风流"。

然而正如冈崎义惠所说，"寂"之"风流"，并不在于寥落、野卑、孤寂本身，其中包含着对生命与生活状态的高度自觉，是在看淡繁华喧嚣华丽之后，甘愿甚至乐于"寂"，"寂"中"风流"，恰如"《徒然草》中那遗落了贝壳的螺钿，只有谙熟奢华却又经历没落的人才能体味得到"，其中本就包含着"寂"与"华美"的矛盾与统一。

对于"雅"与"俗"的对立统一以及在此矛盾与张力之中生发出的"风流"，冈崎义惠主要以松尾芭蕉为例进行了阐释。冈崎义惠认为，芭蕉风的"风流"臻于完熟，是在《奥之细道》之时，冈崎以芭蕉旅途中行脚所过的三处为例证，论证了芭蕉的"寂"之"风流"初现至完成的全过程。

芭蕉漫游奥州北陆以作俳谐，却因"风景之美夺人心魄，怀旧之心更断人肠"，反而难以将所思所感顺利成句。他看着吉野绚烂的樱花，有无限的感动在心中翻涌，同时却也有无数咏诵吉野樱花的和歌在脑中回旋，这使得他无法成句，心中亦觉"无兴"，因为此时环绕芭蕉周身的尽都是旧时歌人的风流，自身的风流反而消隐了，可以说他已为传统的风流所困缚。直至在路旁听到插秧歌，芭蕉顿时从古歌的风流之中解脱出来，写下"在奥州的插秧歌中，初感风流"，随之顺利作得胁句、第三句，乃至终成连句三卷。从这个意义来说，原始边野之地的素朴插秧歌，实际上是与吉野樱花和吟咏吉野樱花的古歌之风流相对的"不风流"，相较于在吉野胜地的赏花品月的雅致，飘在田间地头的插秧歌实在野鄙得近乎荒蛮，但也正是这"不风流"的野鄙，使得芭蕉确立了与传统风流全然不同的新风流。其中，不仅包含着对以往被视为"不风流"的野鄙的体认，更重要的是，其完成了对以平安贵族趣味为中心的"雅"之"风流"的超脱，使得"风流"具备了"于不风流中见风流"的可能。

而这样的风流，及至芭蕉行到仙台，得向导之人以两双藏青染带草鞋饯行，有了更深一层的意蕴。此向导原本是一个画工，他带芭蕉观览仙台不为人知的风景，并以自己所绘的风景图相赠，到这时，芭蕉仍只觉得他"实在是一个趣味高雅之人"。可当他拿出两双藏青染带的草鞋为芭蕉饯行，方才触动了芭蕉的"风流之心"。

较之于意趣盎然的胜景寻访以及品味高雅的绘画，草鞋实在是粗鄙之物，无论是藏青色的染带，还是草编的鞋底，都是"寂色"的，加之当此临别之时，这粗鄙的生活用品中更寄托了画工想要慰藉芭蕉边地清苦旅途的深情厚谊，这就使其具备了其他高雅之物所不能比拟的美感与风流。而此时的风流，除却摆脱"雅"的束缚、于野鄙粗陋之中发现美、并将粗鄙之物加以审美化之外，更添上了人心之"诚"，这就使得在摆脱世俗、摆脱物质、摆脱人事，甚至超脱高雅的束缚之后，在如风如流的洒脱之境中，又注入了一丝"诚"的牵绊，使得"风流"亦有了张力，不至于无边无界。而这又可以对应到芭蕉俳谐所推崇的"寂"之"诚"。

而芭蕉此程旅行中所感受到的"风流"的极致，则是在大石田遇到当地的俳人，他们有志于俳谐之道，却苦于无人指点，常常迷失其间，蹒跚而行，但仍然未曾放弃。芭蕉为之动容并悉心指导，留下连句一卷，方觉"此程旅行之风流至此矣"。如冈崎义惠所说："此处的'风流'，概而言之即是指称俳谐，但我认为也可以将其笼统地理解为堪为此次奥州旅行之动力的艺术意欲。"因而，及至此时，芭蕉的"风流"，从对"雅"之束缚的摆脱，到确立作为"寂"之表征之一的"鄙"的"风流"，到于"鄙"之"风流"中注入人心之"诚"，再到将其上升到作为艺术热情的俳谐创作。对艺术的热情，乃至艺道难行亦不放弃的执著之心，看似与"风流"的自由无羁并不相符甚至有所背反，但事实上，正是这边地俳人们对俳谐的执著之心，成全了芭蕉此程旅行"风流"的极致。而此时的

"风流"，则又可关涉到"数奇"所表记的"好"，其中便包含着对艺道的"执心"，当然，"执心"发展到"数奇"与"风流"，则必然是执迷于"道"又超脱于"道"而最终归于"无"的，在这个层面，"风流"又与佛教道心有了契合。因而，"寂"之"风流"也就有了更深刻的内涵。

此外，俳谐作为一种从连歌中分化而来的文学样式，其本身就包含着"滑稽"的意味，因"俳谐"一词最初的含义，本就是指谐谑滑稽的言辞，这也是俳谐原始而本质的属性，亦是其区别于其他文学样式的独特艺术属性。事实上，在蕉风俳谐形成之前，"贞门派"与"檀林派"的俳谐便是以平俗乃至低俗的"滑稽"为主要特征，直至蕉风俳谐确立，芭蕉强调俳谐的严肃性、艺术性与精神性，并以"闲寂"作为其核心的审美内容，由此使得"滑稽"与"寂"这对看似互相矛盾对立的审美趣味在蕉风俳谐中达成了完美的和谐与统一，即所谓"外表显谈笑之姿，内里含清闲之心"。

关于俳谐、"寂"与"滑稽"的关系，各务支考在《续五论》的开篇《滑稽论》中就有所论述："所谓俳谐，当有三种。花月风流是为风雅之体，趣味乃俳谐之名，闲寂乃风雅之实。若不具备此三事者，则俳谐只是世俗之言。"在《俳谐十论》中，支考再次强调："趣味乃俳谐之名，寂乃风雅之体。……心知世情之变迁，耳闻人世之笑言，可谓俳谐自在之人。""耳闻可笑有趣之言，眼却不见姿情之寂，可谓不得其道，不得其法。""寂、可笑乃俳谐之心之所由也。"[1]

支考所说的"趣味""可笑",大致都可与"滑稽"等量齐观,因其皆来源于"俳谐之名",亦为俳谐之"名",而与此"名"相对应的"实",则为"寂",这也就是支考所说的"闲寂乃风雅之实""寂乃风雅之体"。因而,俳谐若只有"滑稽"而无"寂",则会成为空有其表而无内涵的俗谈平话,抑或会流于蕉风俳谐之前的贞门、檀林派那种卑俗的滑稽;但俳谐若只有"寂"而没有"滑稽"的、趣味的表达,俳谐也就不成其为"俳谐"了,同时,也会失去将"寂"这一消极的要素积极转化的可能。更具体地说,唯有在枯淡闲寂之中融入淡淡的滑稽与洒脱,才能给人一种安住于"寂"并享受之的豁达与超脱。而俳谐的"寂"与"滑稽",就如冈崎义惠所说,是"不得不陷于与不风流世界的对决,不得不遭受不风流世界的压迫"时,"发挥幽默的精神","为逸脱与超越不风流世界提供可能"。是一种居于山间茅舍而能于游戏悠游之间含笑悟得人生三昧的自在之境,此即为"寂"之"风流"。

由此可见,无论是病苦的风流,还是"侘"与"茶"的风流,"寂"与"俳谐"的风流,说到底,都是在深刻地体认了人世与人生的不风流之后,尝试摆脱不风流的束缚,去建构一个纯然的风流世

1. 〔日〕大西克礼:《日本风雅》,王向远译,吉林出版集团有限责任公司,2012 年 5 月,第 31—32 页。

界。以文学艺术、以山水自然、以美、以爱，以种种人力能及的美好，去消解人生必经的孤寂与苦痛、黯淡与疲惫，以达到一种超然物外的洒脱境界。

日本的"风流美学"，自中国"风流"概念的引入而发源，经历了对中国风流之美亦步亦趋的阶段，其主要表现为以平安王朝时期贵族趣味为代表的"雅"与"豪奢"。而后逐渐摆脱中国风流的影响，生发出了独属于日本民族的"风流美学"。其对诸如"物哀""幽玄""侘""寂"等日本传统美学概念进行了整合、转化和改造，形成了独具日本民族特色的"风流美学"。事实上，在日本的传统美学中，譬如"物哀""幽玄""侘""寂"等，几乎无一例外都笼罩着一层晦暗不明的昏暗色调与消极情绪，但与此同时，这些昏暗的色调与消极的情绪中，又都无一例外地蕴含着独属于日本式的美。这也是日本美学的一大特点，即对负面与消极的审美化。而这一特点与"风流"进入日本并摆脱中国的影响之后，逐步显现出的日本的民族美学特色是相呼应甚至相一致的，亦即对不风流的风流化。这也是"风流"能够对日本传统美学加以整合并与之相融合的重要原因。而这样的整合与融合，也使得"风流"具备了区域美学的特质。

尽管冈崎义惠并没有明确将"风流"定义为"东方区域美学"，但事实上在其《风流的思想》中，已经具备了相当的区域美学的理论自觉。其在论述日本的风流思想时，并没有忽视作为其源头的中国风流之美，并且关注到了"风流"在东方尤其是东亚区域内的流转与碰撞，在文学、艺术乃至日常生活之中的表现，以及在不同时代呈现出的不同样态。与此同时，他也在有意无意中将东方区域看作一个整体，而后将东方的"风流"与西方美学加以比较。我们不难看出，冈崎义惠所说的东方的"风流"，某种程度上似乎可以与西方美学中的"美"等量齐观，但他同时又指出了东方之"风流"显著差异于西方"美"之处，那些与西方的崇高、悲壮、激越之美全然不同的哀婉低徊的趣味，那些在积极的、正向的美感背面发掘出美的情志，那些深刻体悟了人生的不完满之后淡然处之的冲淡与平和，那些于不风流处见出风流的东方式的超越与达观。相较于西方美学中的"美"，东方的"风流"更多地观照到了人的心境修炼，这是独属于东方美学的特点。由此，冈崎义惠提炼出了"风流"这一美学概念之中的东方区域共性，同时，他也强调作为东方区域美学概念的"风流"之中的民族特性，其在日本，便表现为涵盖了"物哀""幽玄""侘""寂"等传统美学的"于不风流处见风流"。此亦为中国读者深入理解日本文学、日本美学乃至日本文化的关键所在。

郭尔雅

风流的原义

"风流"一词本是从中国移植的。正如现今我们尽管觉得像梅、牡丹、菊这样的名花是日本的本土风物，却仍不能否认它们实际上是从中国大陆移栽的一样，"风流"尽管也在日本开出了独特的花，它的源流却仍属中国。因而，当我们思考"风流"的历史性发展时，就必须去仔细推敲古代中国对该词的用例。在日本，"风流"一词最早可见于《万叶集》，但我们不得不承认，《万叶集》很大程度上只是从中国摄取了这一元素。试看《万叶集》吟咏最多的自然风物，花中仅次于萩花的就是梅，鸟中则以杜鹃为多，这显然是受到了中国的影响。当然，在对该词的使用态度上，日本也形成了有别于中国的特色，但在取材上依然或多或少包含了一些中国元素。

而依我之所见，中国的古用例在《佩文韵府》中例举最多，今天的研究者也概莫能外。尽管在以《和训刊》为代表的日本辞书中也可见一些新的用例，但毕竟数量极少。

一　（后汉书王畅传）园庙出于章陵，三后生自新野，士女沾教化，黔首仰风流，自中兴以来，功臣将相，继世而隆。

二　（蜀志刘琰传）先主以其宗姓，有风流，善谈论，厚亲待之，遂随从周旋，常为宾客。

三　（晋书王献之传）献之少有盛名，而高迈不羁，风流为一时之冠。

四　（又乐广传）广与王衍俱宅心事外，名重于时，故天下言风流者，谓王、乐为称首焉。

五　（又刘毅传）初，裕征卢循，凯归，帝大宴于西池，有诏赋诗。毅诗云：六国多雄士，正始出风流。自知武功不竞，故示文雅有余也。

六　（南史王俭传）俭常谓人曰，江左风流宰相，惟有谢安，盖自况也。

七　（又张绪传）刘悛之献蜀柳数株，枝条甚长，状若丝缕。武帝植于太昌灵和殿前，常赏玩咨嗟曰：此杨柳风流可爱，似张绪当年时。

八　（北史郎基传）基性清慎，无所营求，唯颇令人写书，潘子义曾遗之书云：在官写书，亦是风流罪过。基答云：观过知仁，斯亦可矣。

九　（又李彪传）金石可灭，而风流不泯者，其惟载籍乎。

十　（唐书杜如晦传）如晦少英爽，喜书，以风流自命，内负大节，临机辄断。

十一　（世说）韩康伯门庭萧寂，居然有名士风流。

十二 （又）康僧渊闲居研讲，希心理味，庚公诸人往看之，观其运用吐纳，风流转佳。

十三 （司空图诗品）不著一字，尽得风流。

十四 （琴赋）体制风流，莫不相袭。

十五 （三国名臣序赞）标榜风流，远朋管乐。

十六 （庚信枯树赋序）殷仲文风流儒雅，海内知名。

十七 （张说秦川应制诗）路上天心重豫游，御前恩赐特风流。

十八 （李颀诗）顾眄一过丞相府，风流三接令公香。

十九 （杜牧诗）大抵南朝皆旷达，可怜东晋最风流。

二十 （李商隐诗）石城夸窈窕，花县更风流。

二十一 （赵嘏诗）家有青山近玉京，风流柱史早知名。

二十二 （又）郎官何逊最风流，爱月怜山不下楼。

二十三 （苏轼诗）风流越王孙，诗酒屡出奇。

此为《佩文韵府》所载的二十三例。（关于以上出典，虽无暇与原书一一比对，有明显的语句省略，但仍尽量保证兼顾其意。）序号是为论述方便所加。《佩文韵府》的用例似乎是按照经史子集的顺序排列的，但此处以史书打头，大体遵循的是时代顺序。《后汉书》成书于南朝宋，《蜀志》（《三国志》之一）编纂于晋，均于唐代以前问世。《晋书》为唐太宗敕撰，《南史》《北史》亦出于唐。《唐书》有二，《旧唐书》为五代所编，《新唐书》则改修于宋代，都在唐代以后。在《世说》之后又例举了一些杂书诗文等。《世说》撰于六朝宋代，《司空图诗品》为唐代所著，《琴赋》《三国名臣序赞》出于《文选》，庾信为南北朝梁及周代诗人，张说、李颀、杜牧、李商隐、赵嘏为唐代诗人，苏轼则是宋代文人。故而我们也可将《佩文韵府》视作"风流"一词的词史，但其中对词义并无阐释，因而很难将其视作关于"风流"的研究。但在用例方面，至今仍不容忽视。

《辞源》中的用例也是取自《佩文韵府》的一部分，从意义上，可分为以下六种。

（一） 流风余韵也。（佩文韵府第一、九例）

（二） 言仪表及态度也。（同第二、七例）

（三） 品格也。（同第十五、十一例）

（四） 犹言风光荣宠也。（同第十七、十八例）

（五） 不拘守礼法。自为一派。以表异于众也。（同第三、十例）

（六） 精神特异之处。（同第十三例）

《辞源》的引文与《佩文韵府》在文字上稍有出入，语句上也有所省略，有些地方甚至略去了不该略掉的部分。此外，《辞源》中的第七条所举之例为："唐时长安有平康坊，为妓女所居之地，每年新进士释褐其中，时谓为风流薮泽，见《开天遗事》，故亦称狎妓曰风流。"此条是关于"风流"的特殊转义，日本对才子、手工艺品、好色之事方面的描述，似乎也有此类转义，此处暂不涉及，只先分析《辞源》例一至例六关于"风流"的含义。

第一，"流风余韵"，在日本各种辞书中，被解释为"遗风""余流""遗泽""流风""余韵"等，比如"先王之遗风余流"（《字源》《大日本国语辞典》）、"先人之遗风"（《大言海》），等等。这一用例大抵与《佩文韵府》第一例相当。"风流"最早的用法虽已无考，但这一类用法应当可以显示其最初的古体。所谓风流，即为先王的美风之流，"风流"一词，最初应为"风与流"，无论是"风"还是"流"，都是指先王优良风化韵致在后世的流传遗存。（此处，"风"包含了"风化""教化"，以及对后世的影响、遗留的传统之意，但与"流"相比，还是更侧重影响的含义。）而风化，是从儒教的政教主义出发，指的是教化的完成，主要意味着基于王道的伦理政治文化的实现。其原指先王（古代圣王）之风，后或许推及了先人。此外，《大日本国语辞典》中解释此种含义的用例，为《前汉书》六十九《赵充国辛庆忌传》中的片段：

> 故秦诗曰，王于兴师，修我甲兵，与子皆行，其风声气俗自古而然，今之歌谣慷慨风流犹存耳。

此为歌谣中流传下来的先王的风声气俗，与此相类的用例如下：

然则歌咏所兴，宜自生民始也。周室既衰，风流弥著。

（《文选》沈休文《宋书谢灵运传论》）

此例与前例一样，都引自北村季吟《八代集抄》中对《古今集》序"虽风流如野宰相轻情如在纳言，而皆以他才闻"的注释，也进一步佐证了先王之流风余韵在歌谣中得以保存的现象。《文选》对于此例，唐人李善有注曰："幽厉之时，多有讽刺，在下祖习，如风之散，如水之流，故曰弥著。"因此，所谓"风流"，似可理解为那些保存了先王之美风的诗歌如风如水般流传之意。

逮至圣文，随风乘流，方垂意于至宁。躬服节俭，绨衣不敝，革鞜不穿，大厦不居，木器无文。于是后宫贱玳瑁而疏珠玑，却翡翠之饰，除雕琢之巧。恶丽靡而不近，斥芬芳而不御。抑止丝竹晏衍之乐，憎闻郑卫幼眇之声。是以玉衡正而泰阶平也。（《文选》杨子云《长杨赋》）

由此文可知，"风"与"流"似为同义，合而为"风流"。此处的"风"与"流"，在修辞上是以自然现象相譬喻，以表达如风如流之意，但其原为圣文（即汉高祖之子文帝）承继高祖遗风，使得天下安宁，崇尚质实之风的含义。

这样一来，"风流"原为先王之遗风余泽，后表示此遗风得以现行天下，即成了传统的风俗习惯之意。可见，"风流"所指的是基于政教观念的伦理、风习传统，同时，也形容这一传统在当下的样态、遗风的现时表现。这个意义上的"风流"，也可理解为民间良习、天下美风。《孟子》公孙丑上有记："其故家遗俗，流风善政，犹有存者。"其中，"流风"一词便是用以表达先人遗存的美好风尚之意。"流风"作为流传的美风之意，似亦可与"流弊"相对，但这样一来，却也不再是"流"与"风"了。而且，由《辞源》的释义"谓流传之风化也"可知，"流风"确可理解为流传之风。

> 性託夷远，少屏尘杂，自非可以弘奖风流，增益标胜，未尝留心。（《文选》任彦升《王文宪集序》）

此例是说，王文宪性情高远简素，超凡脱俗，劝奖美好风尚，志存高远。此处的"风流"，看似是指个人自身的品格，但其实仍然涉及天下美风之意。下面这三个例子也大体相同。

> 公在物斯厚，居身以约。玩好绝于耳目，布素表于造次。室无姬姜，门多长者。立言必雅，未尝显其所长。持论从容，未尝言人所短。弘长风流，许与气类。（同）
>
> 孔明盘桓，俟时而动，遐想管乐，远明风流。治国以礼，民无怨声。（《文选》袁彦伯《三国名臣序赞》）
>
> 堂堂孔明，基宇宏邈。器同生民，独禀先觉。标榜风流，远明管乐。（同）

第一例中，"弘长风流"与"许与气类"相对，为推赏风流之人，结交义气相投之士（即道义之士）的意思，此处看似是指风流的人，实则更宜理解为那些人都具备风流的品性。后两例是说诸葛孔明追慕管仲、乐毅那样的先贤，弘扬天下之美风。其中，最后一例在《佩文韵府》中亦有列举，《辞源》将其释义为"品格也"，但实则并不恰当。此处应当并非是指作为个人的孔明的品格，而是天下的品格，是万民之美风。这也是根据前例中有相同的用词，且又补充道"治国以礼，民无怨声"推测而出。管仲乐毅纵是辅佐君王、保国安民的名相，在政教方面也不外乎洒布风流。如此一来，"风流"自然是用以表示天下之风，但这样的"风"亦有堕落的可能。

> 虽五方杂会，风流溷淆，惰农好利，不昏作劳。密迩猃狁，戎马生郊。而制者必割，实存操刀。（《文选》潘安仁《西征赋》）

此为晋惠帝元康二年迁任长安令，西行途中所写的当地人物山川之状，是对周都鄠、镐之地今日之荒颓，周之美风尽丧，五方之人杂居，风俗混沌淆乱的慨叹。这里的"风流"，便不再是"美风"，而是"溷淆"的"恶风"，但仍是指对原本的"风流"的污染。因而，风流的本质，仍然是一种清澄之态。

> 问朕立谏鼓，设谤木，于兹三年矣。比虽辐凑阙下，多非政

要。日伏青蒲，罕能切直，将齐季多讳，风流遂往。将谓朕空然慕古，虚受弗弘。（《文选》任彦升《天监三年策秀才文三首》）

此例为梁武帝问策秀才，感叹朝廷尽管设立了谏言机制，但仍然没有针对政要的重大谏言，此为齐末多忌讳而废除了直谏之美风的缘故。这看上去仅是臣子间的风习，但实际上也并非只是个人之事，而是天下之风习。

由以上诸例可知，"风流"原为天下之美风，是描述政治教化的概念，到后来才推及个人的优良品格。如前所述，《辞源》中涉及"品格"的例举，似引自《佩文韵府》第十五例，但第十一例更为恰当，就是指个人的品格。

出参太宰军事，入为太子洗马，俄迁秘书臣，赞道槐庭，司文天阁，光昭诸侯，风流籍甚。（《文选》王仲宝《诸渊碑文》）

既称莱妇，亦曰鸿妻。复有令德，一与之齐。实佐君子，簪蒿杖藜。欣欣负戴，在冀之畦。居室有行，亚闻义让。禀训丹阳，弘风丞相。籍甚二门，风流远尚。肇允才淑，阐德斯谅。芜没郑乡，寂寥扬冢。参差孔树，毫末成拱。暂起荒埏，长扃幽陇。夫贵妻尊，匪爵而重。（《文选》任彦升《刘先生夫人墓志》）

此处的"风流籍甚""籍甚二门，风流远尚"，说的是个人或家族的品格，表示其声名传高播远之意，而此声名所言及的，前者是政治家，后者是道德家。可见，这与先王圣德作为传统如风如流般流布天下是同质的，无论是用于形容宫廷，还是家族，抑或个人，"风流"皆可使用。也就是说，"风流"同时存在于伦理性的、现实性的和历史性的世界。

然而，这种伦理性的（包括政治性的）价值，若进一步扩大其范围，就会及至美学的价值，也就是说，"风流"具备超越以国家为代表的人伦性存在领域而言及自然物与人工物的倾向，此种用例最早出现在中国。《辞源》释义的"品格也"，尚属个人范畴的伦理性，即所谓的"名士风流"，而其进一步所解释的"言仪表及态度也"，在范围上已经有了相当的拓展。仪表与态度是品格的外化，是有形的姿态。《辞源》所引的《佩文韵府》第二例是《三国志》中最早的用例，其中的"风流"，便是以伦理性为主，也兼及一种善谈论而广交际的广泛意义上的好的生活态度。同样的，第七例中喜爱蜀柳的情态亦是如此。当然此例主要是对张绪其人风姿风格的评价，描写杨柳的风流之姿也是为了以物喻人。可想而知，枝条垂落，如丝如绦的楚楚风姿，是何等风流可爱。至此，风流也开始用于描绘自然之物的属性，并具备了类似于"哦可嘻"（おかし）、"哀"（あわれ）那样的美学内涵。此例中蜀柳的可爱虽然尚非明确的审美性表达，而是将柳树予以人格化，笼统地评价其整体的伦理性、风习性、存在性，但及至后来，却是明晰地将表述重心落到了美的事物，特别是优美的事物之上。

此外，我们也从《文选》中摘选出了《玉台新咏》的相类用例。（《文选》编纂于梁，《玉台》编纂于陈。）

> 阅诗敦礼，岂东邻之自媒。婉约风流，异西施之被教。
> （《玉台新咏》序）

> 杂彩何足奇，惟红偏作可。灼烁类蕣开，轻明似霞破。镂质卷芳脂，裁花承百和。且传别离心，复是相思里。不值情幸（一作牵）人，岂识风流座。（《玉台新咏》卷五《咏红笺》）

> 明珠翠羽帐，金薄绿绡帷。因风时暂举，想像见芳姿。清晨插步摇，向晚解罗衣。托意风流子，佳情讵肯（一作可）私。（同《戏萧娘》）

> 可怜宜出众，的的最分明。秀媚开双眼，风流著语声。
> （同卷十·刘浚《咏繁华一首》）

这些诗句中的"风流"，大体是指能够体现此诗集内容特色的优婉之美，其中也包含了一些感观上的魅力与情欲、情感上的蛊惑力。"风流"的此类含义极端的表现，可见于《游仙窟》，其在中国也是日趋兴盛的。譬如唐玄宗与杨贵妃率宫女共戏"风流阵"的韵事，在《天宝遗事》与范成大的诗中均有记述，近松的《国姓爷合战》中对此也有转引，此种以优美的感观魅力为核心的风雅，亦为风流。《辞源》除以上解释之外，另有"不拘守礼法，自为一派，以表异于众也"及"精神特异之处"的释义条目，所引用例为《佩文韵府》第三、十、十三，意为风雅、高雅。第三例在《大日本国语辞典》中被解释为"雅（みやび），脱俗，数奇（すき），风雅，文雅"，其所引用例中的王献之（王羲之之子），高迈不羁，确是以风雅而闻名。第十例的杜如晦也是爱书的文雅之士。第十三例则是《二十四诗品》中对"含蓄"的解释，含蓄体的诗，用词少而诗趣丰，此时，"风流"所指的不再是人，而是作品中所蕴含的雅趣。《辞源》中所谓的"自为一派""异于众""精神特异之处"，表示的都是此种雅趣的超凡脱俗以及其中所包含的独特高迈的精神境界。"风流"的此种特性在之前所列举的诸例中也是存在的，但此处尤其强调其脱俗文雅的一面，强调这种超越伦理性之上的审美的、艺术的甚或是学者的高绝教养的表达。

在《佩文韵府》中，还有许多《辞源》未引的此种用例。如，第四例的"乐广"句中的"风流"，《大言海》的解释是"雅致之事，数奇，风雅"，《字源》释义为"雅致"，《详解汉和大词典》（服部、小柳两氏编）解说为"脱凡绝俗，以作诗歌，游于高尚"，《大辞典》的释义是"雅致之事，数奇，风雅，文雅，温雅之风度，洒然而超脱世俗"。而第六例的谢安一例，《字源》将其解释为"风雅的宰相"，第八例的"风流罪过"，《字源》解说为"未触犯法律的风雅之罪"，《详解汉和大词典》的释义则为"为舞弄诗文而冲犯律法"。此外，第五例、第十六例以及第十九例之后，都是指雅趣、诗趣，文人风致，以及具备文化、精神价值的物事，这些都与

"雅"（みやび）的含义极为接近。

此外，《佩文韵府》中还有"风流人"的用例，如以下两例，其含义与前述诸例并无太大差别。

> （晋书）简文帝尝与孙绰商略诸风流人，绰曰：刘惔清蔚简令，王濛温润恬和，桓温高爽迈出，谢尚清易令达。
>
> （苏轼诗）江左风流人，醉中亦求名。渊明独清真，谈笑得此生。

而且，《大辞典》中还例举了"风流安石"之语，下例便与其意相当。

> 辽故受知于王安石，安石尝与诗，有风流谢安石，潇洒陶渊明之称。（《宋史沈辽传》）

像这样以"风流"颂扬个人风度之高迈秀拔、文雅温藉的诗文，在《世说》中亦屡屡得见。例如："崔瞻才学风流，为后来之秀。"（卷十三《企羡》）"此君风流名士，海内所瞻。"（卷十四《伤逝》）"元琳神情朗悟，经史明澈，风流之美，公私所寄。"（同）而《北齐书·裴让之传》中，"此人风流警拔，裴文季为不亡矣"之句中的"风流"，在《大辞典》中，被解释为"有文雅温润之姿，而又兼有奇拔锋锐之态"。确实，凡风流之士，其风格多是温蕴与警拔兼备的，因此，"风流"中确实可能同时包含着"警拔"的要素。"风流温（蕴）藉"一语，在诗论中屡屡可见，日本也很常用，同时又有"风流警拔""高迈不羁"的表述。而正是这种看似异质要素的结合，使得"风流"的浪漫属性得以凸显。

通过以上说明，我们大体可以了解中国古代"风流"的主要含义，但仍有一些问题值得商榷。首先，《辞源》解释为"犹言风光荣宠也"的《佩文韵府》第十七、十八例，若依《辞源》的解释，其中的"风流"是指荣宠而尊贵的风格，这是极为特殊的用法。这两例是从唐诗中可见的用法演变至后世。张说的诗出典不明，晦涩难懂，实在谈不上雅趣或优美。而李颀的诗则是《唐诗选》中名为《寄綦毋三》的七律，似为綦毋从宜寿县尉迁任洛阳县令时的送别之诗，其中的"风流"与其他诸解也不相同。《辞源》似将其解释为深受丞相恩宠之意，虽无不当，却也有"清风高流"的说法。而且，从所引魏朝荀彧的故事（荀彧为中书令，好熏香，所坐之处，香气三日不散，故称令公香）中，也可以看出此例的"风流"似乎同样包含了风雅的意味。总之，这些用例中的"风流"是否真如《辞源》所说具有荣宠之意，仍是个问题。私以为，以"雅"（みやび）解释"风流"足矣。以上为《辞源》的用例，但在《佩文韵府》中还有两种尚未提及的用法。

第十二例虽非迥异于以上诸例，但仍颇具特色，值得一提。此例中的康僧渊，显见是颇具风流隐士风格的人物，这一点若通读接下来所引的《世说》原文，则会更加明了那种隐于自然之中而优游自适的脱俗之风。这样说来，《辞源》所释义的"品格""仪表及态度""自为一派，以表异于众也"等，是否真的完全恰切呢？《世说》的"栖逸"所表达的隐逸之风，相较于儒教的、文雅的风致，或许更接近于道家或禅林的脱俗风调。

康僧渊在豫章，去郭数十里，立精舍，旁连岭，带长川，芳林列于轩庭，清流激于堂宇。乃闲居研讲，希心理味。庾公诸人多往看之。观其运用吐纳，风流转佳。加已处之怡然，亦有以自得，声名乃兴，后不堪遂出。

原文就是这样围绕着隐居生活描绘自然风物。此种隐士风流，在《后汉书》中也有记述：

若二三子，可谓识去就之㳽，候时而处。夫然，岂其枯槁苟而已哉。盖诡时审已，以成其道焉。余故列其风流，区而载之。（列传第四十三，高士传序[1]）

易称：遁之时义大矣哉。又曰：不事王侯，高尚其事。是以尧称则天，不屈颍阳之高。武尽美矣，终全孤竹之洁。自兹以降，风流弥繁，长往之轨未殊，而感致之数匪一。或隐居以求其志，或回避以全其道，或静己以镇其躁，或去危以图其

---

1. 应为"周黄徐姜申屠列传第四十三"，此处作者引用有误。——译者注

安，或垢俗以动其概，或疵物以激其清。然观其甘心畎亩之中，憔悴江海之上，岂必亲鱼鸟，乐林草哉。亦云性分所至而已。（列传第七十三，逸民传序。《文选》亦有《逸民传论》）

在这些用例中，"风流"的含义虽未逸出"品格""流风余韵"这样的含义太多，但其实质却是指隐逸者脱俗的风度，亦即"高士""逸民"之风。但是此处的高士逸民，并非单纯是亲鱼鸟、乐林草的自然爱好者，而是性情狷介、脱离俗世，甘心畎亩之中、憔悴江海之上，却如伯夷叔齐一般未能摆脱对世道的忧思，具有道义精神的高洁之士。其生活姿态看似是老庄的，实则其根本精神中却存在着儒教的、政教的成分。在这个意义上，它比《世说》的"栖逸"更贴近"风流"的原意。此外，《高士传》[1]《逸民传》的例子，在松浦默的《齐东俗谈》、山冈俊明的《类聚名物考》中也有所引用，《广文库》亦有采录，而《齐东俗谈》所引的唐代章怀太子的注释："言其清洁之风，各有条流，故区别而纪之。"并不正确，这一点已为人所熟知。这些书中将"风流"的本意解释为隐逸高士的"清洁之风"，也未必得当，毋宁说，这样的解释更接近"风流"的转义。

《佩文韵府》第十四例为《文选》中的诗句，现引用如下：

然八音之器，歌舞之象，历世才士，并为之赋颂。其体制

1. 同前，作者引用有误。

风流，莫不相袭。(《文选》嵇叔夜《琴赋》序)

作者嵇康（晋人）欲赞美音声，却已有历代才子为歌舞音曲吟颂作赋，其颂赋"体制风流"，因袭旧例，已成定型，其声音以悲哀为主，其感化以垂涕为贵，但这在嵇康看来却并不完美，于是开始全面阐扬琴德，随后亦吟咏了种种琴之美妙。这里的"体制风流"，似是摹写音乐之"风流"，实则是指向可用于赞美音乐的赋颂，即赋这一文体的"流风""仪表及态度""品格"，是形容作品的样式和风格的概念，这是"风流"的又一特殊用法。但这与之前的种种含义并无根本的差异，只是此处的"风流"是在艺术品中方得以确认而已。这和《佩文韵府》第十三例的"不著一字，尽得风流"亦有相同之处，只是将人的高迈风雅之趣，置换到了作品之中罢了。不过，这种情况下，比之作品所包含的内容实质，"风流"更倾向于单指作品特定的形式和风格，类似于"样式"（さま）、"作派"（ふり），日本后来也多有使用，这也是"风流"一词的转义。

总之，《琴赋》序、《二十四诗品》中的用例，是"风流"的含义在文艺中的体现，此类的用法在六朝（梁）诗论《诗品》《文心雕龙》中也较为多见：

风流未沫，亦文章之中兴也。(《诗品》上)

风流调达，实旷代之高手。(同)

才力苦弱，故务其清浅，殊得风流媚趣。(同中)

民生而志，咏歌所含，兴发皇世，风流二南。(《文心雕龙》卷二)

自斯以后，体宪风流矣。(同卷四[1])

至于唐，司空图《二十四诗品》中的"含蓄"，被谓之为"不著一字，尽得风流"；释皎然《诗式》中，"诗有四德"其四即为"风流"，"诗有四不"第一便为"气高而不怒，怒则失于风流"，"文章宗旨"一条中就有"风流自然"之语。

中国古代对于"风流"的用法大体如此，其根本意义在于确认优良精神文化的存在。"风流"的内涵，起初主要集中于政教方面，而后进一步拓广到伦理的、审美的领域，并广泛存在于天下的民俗、特定的个人、自然物、艺术品等之中。另有一些特殊用法，虽与本义略有差异，但细察之下则会发现，其本质仍是相同的。而《辞源》中所列条目，也不过是关于"风流"的一种观点而已。到了后世，狎妓可为"风流"，清隐之风亦可为风流，而作为近世风流的一例，郑板桥对日本文人的影响很大。

郑板桥在其《道情十首》中，三次用到了"风流"一词。所谓"道情"，今为含有劝戒之意的俗曲，而在元代，则为道士所唱的歌词，其中蕴含着脱俗的思想情感，于是郑板桥称之为"风流"，那么，其含义究竟为何呢？《道情十首》序言如下：

---

1. 应为"同卷十九"，作者引用有误。

枫叶芦花并客舟，烟波江上使人愁。劝君更尽一杯酒，昨日少年今白头。自家板桥道人是也，我先世元和公公，流落人间，教歌度曲。我如今也谱得道情十首，无非唤醒痴聋，销除烦恼。每到山青水绿之处，聊以自遣自歌；若遇争名夺利之场，正好觉人觉世。这也是风流事业，措大生涯。不免将来请教诸公，以当一笑。

可见，"道情"的歌曲创作，亦是"风流事业"。此十首中，前五首所歌咏的都是"老渔翁""老樵夫""老头陀""水田衣""老书生"的离俗生活，现将其中一首摘录如下：

尽风流，小乞儿，数莲花，唱竹枝，千门打鼓沿街市。桥边日出犹酣睡，山外斜阳已早归。残杯冷炙饶滋味，醉倒在回廊古庙，一凭他雨打风吹。

此种境界，颇似日本良宽，但相较而言仍是中国诗歌的放旷之气更浓。此处所说的"风流"，看似主要指向了"唱竹枝"，实则应当涵盖着全诗的趣致。而板桥也是借此诗劝戒人们远离名利融入自然。《道情十首》尾声，更是对"风流"的宣扬：

风流家世元和老，旧曲翻新调。扯碎状元袍，脱却乌纱帽，俺唱这道情儿，归山去了。

《道情》中出现的三处"风流"，一般被认为是用以形容音曲之语，但或许更包含着对此音曲超脱凡尘俗世的状写。由郑板桥其人其诗而观，近世风流隐士的风貌会愈加鲜明，我们今日看到"风流"一词，联想到的更多也是这样的世界。

最后还有一点需要说明，《大言海》中对"风流"的语义、语源的解释，开头便写道："风声品流之略，剪灯新话（山阳瞿佑宗吉，永乐作）牡丹灯记'风声品流能擅一世，谓之风流也'。"因此，在今天的风流论中也可见对此的引用，但《大言海》的这一解释在使用中却颇为不易。这一用例原本在《和训刊》中有记："见于剪灯新话注释。"但这并不是《牡丹灯记》的原文，而是《剪灯新话句解》（垂胡子集释）中对"风流"的注释。详之，即为《牡丹灯记》中的"世上民间作千万人风流话本"一语加上了注释："风流：风声品流能擅一世谓之风流话本犹话柄也言说话之本也。"所谓"风流话本"，指的就是像《牡丹灯记》这样的艳情小说，类似于日本的"好色本"。而为其附上"风声品流"这样的注释，也是注释者个人的解释，实则对于艳情小说来说并不恰切。《剪灯新话》前四十卷亦称《剪灯录》，明洪武十一年作者瞿宗吉曾为其作自序，却因遭逢贬谪而散佚，四十余年之后，胡子昂得《剪灯新话》四卷，于永乐十八年得作者校订。垂胡子（林芭）的《句解》二卷所依据的是尹春年（沧州）的订正本，于明嘉靖年间成书。故而《大言海》的引文实则出自原书问世很久之后的本子，很难将其作为正确理解"风流"原义的根据。加之《句解》的解释，也并不适用于《牡丹灯记》中的用例，只是在含义上与"风流"初期的用法大体相当，其对"风流"语源的说明也没有确切的依据。而且，对于像《牡丹灯记》《西厢记》这样的稗史、小说、杂剧，"风流"一词在其中的用法应与日本的物语、浮世草子等是相通的。《剪灯新话》中的"风流话本"这一用例，可以说也是"风流"的又一转义。

二

平安时代的风流

在平安时代的文献中，"风流"的用例是相当多见的，不过此时的用例几乎都是写作汉文，并未出现以和文标记的情况，因而此时的"风流"应当如何训读尚不甚明确。但因"风流"二字的汉文被频繁使用，也就成为了一般文章的爱用语。

对于平安时代的"风流"，首先不得不提的就是其所具有的"文雅"的含义。而这一含义多出现在比较早期的用例中，或许"风流"最早的使用就是以这一含义为主的。其与"先王之遗风余流"这一政教的、伦理的意义最为接近，但是平安时代并未出现"遗风余流"或是"天下之美风"这样的用例，也尚未见到以"风流"指称品格与仪表的用法。这样一来，平安时代广为使用的"风流"所具有的文雅的含义，事实上已经与其在中国的原意相去甚远了。例如：

> 辞人间出，风流弘雅。（《文镜秘府论》天卷，四声论）
> 或工于体物，或善于情理，咏之则风流可想，听之则舒惨

在颜。(同南卷,集论)

喷纸含笔之夫,风流彻夜。运日连蜺之士,精勤新日。
(《经国集》大日奉首名)

子墨客卿,翰林主人,请各分史以咏风流云雨。(《扶桑
集》"八月十五日,严阁尚书授后汉书,毕各咏诗得黄宪,并
序"菅丞相)(《本朝文粹》卷九)

这些"风流"的用例,无一不是关于诗文雅致以及对诗文雅致
的体会,时属平安中期以前,是空海与道真的时代。此用法非为
《文选》风,亦非《玉台新咏》风,而是与《诗品》《文心雕龙》的
用法较为相近,大约是受到了中国诗论的影响。此处的"风流",
若对应到中国的诗文世界,应当就是"雅"与"风雅"吧。

春之暮月,月之三朝,天醉于花,桃李盛也。我后一日之
泽,万机之余。曲水虽遥,遗尘难绝。书巴字而知地势,思魏
文以玩风流,盖志之所之。谨上小序云尔。(菅赠大相国《三
月三日,同赋"花时天似醉"应制》《本朝文粹》卷十《和汉朗
咏集》三月三日)

所谓"思魏文以玩风流",即指思魏文帝之事而寄怀于诗赋之
中,由此可知道真时代的"风流"中包含着对中国文人世界的强烈
憧憬。而且,此用例在《大日本国语辞典》中是与《佩文韵府》第

三例一起作为"雅""文雅"的例证被加以列举的，此为从《万叶集》到《古今集》的过渡期里，汉诗盛行时代的"风流"。其中所引的魏文帝也备受当时文人的敬慕。《凌云集》中便有言："臣岑守言，魏文帝有曰，文章者经国之大业，不朽之盛事，年寿有时而尽，荣乐止乎其身，信哉。"《经国集》序亦有"魏文典论之智，经国而无穷"之语。《支那学艺大辞汇》对于魏文帝则有如下评述："魏文帝，名丕，字子桓，武帝长子。少好文学，性优柔便佞，其诗风亦不似乃父操之古直刚健，而是轻俊艳靡，以情致细密见长。如《燕歌行》即最能体现其特色，另有《善哉行》《短歌行》《寡妇》等亦属佳作。诗作之外，亦擅长作赋，其散文也有不少留存于世。就中《典论》之《论文》堪称批评文学之嚆矢，其中所言'文章经国之大业，不朽盛事'更是作为千古金句流传至今。"可见魏文帝与平安时代的雅客是颇有相似之处的。而引文中道真所说的"我后"，是指宇多天皇，此为宽平三年三月三日曲水宴时所作。上巳节开设曲水宴当然是受到中国的影响，且在《万叶集》家持的歌中已有先踪。而此时对"风流"一语的使用自然也如这一切一样并未逸出中国对"风流"的界定。

平城天子诏侍臣令撰《万叶集》，自尔以来时历十代，数过百年，其后倭歌弃不被采用，虽风流如野宰相，雅情如在纳言，而皆以他才闻，不以斯道显。（《古今和歌集》真名序）

> 古今序云，平城天子诏侍臣令撰《万叶集》，自尔以来，时历十代，数过百年，其后和歌弃不被采，虽风流如野宰相，轻情如在纳言，而皆以他才闻。……今案平城御代万叶之风体，延喜御撰古今歌撰，其姿不同，其词相违，诗者四百年文体三变，歌者百余年风流亦变者欤。……

以上关于《古今集》序的两个版本中分别使用"雅情""轻情"，到底为何现今已不可考。远藤氏的《风流考》对于诸版本的异同有过论述，他认为使用"雅情"更为恰切，我也觉得似乎"雅情"更合宜。总之，其中所说都是小野篁、在原行平一般胸怀雅情的风流文人，但他们并非皆以和歌之才闻名，因为自《万叶集》以后而至《古今集》之间，为日本国风衰颓的时代。

并且，在《千五百番歌合》中，显昭的判词引用该序论述了诗歌体式的变迁，其中指出，尽管"风流亦变者欤"，但此处的"风流"，泛指和歌之趣以及和歌的样式、精神等等，其目的是为了体现和歌之"雅"。这一用例与《文选》中嵇康《琴赋》的"体制风流"极为类似。显昭的判词是写于建仁元年，其中对"风流"的使用最早是在进入镰仓时代之后，与空海、道真、淑望等人相比，已是很后期的用法了。

> 左歌，词涉妖艳富风流，就中论其气味，尤足咏之。……以左为胜。（中宫亮显辅家歌合 长承三年九月十三日 判者基俊）

这也是平安末期的用例，其中言及和歌之"雅"，此处的"风流"所指的是和歌中与"心"相对的"词"之"妖艳"。实际上，这样的用例在歌合判词中是较为少见的，因基俊亦是汉诗人，故而其对"风流"的使用或许就是受到了中国的影响。在这一点上，"幽玄"等词也是一样的。

这样看来，意为文雅、雅趣的"风流"最初是使用于汉诗文中，慢慢在歌道中也有了使用，而这应当是在平安中期以后了，然而总的来说"风流"在歌坛的用例还是极为罕见的。而其在汉诗文中的用例却是遍及平安时代，若要全部例举出来，不免有重复之嫌，因而此处仅举出数例以期可以循迹风流思想的发展。

如上所说，汉诗文中所用的"风流"一语多是指诗文的雅趣，除此而外也有指称风景优美的情况，例如：

> 感因事而发，兴遇物而起。有我感之可悲秋，无我兴之能乐水。况复霁而云断，天与水俱，窥潜鱼渔火叠，逐归鸟以钓帆孤。山影倒穿，表里千里之翠；月轮落照，高低两颗之珠。胜趣斯绝，风流既殊，世间稀有，天下亦无，嗟呼意不相忘，忱须以散。（《本朝文粹》卷一《秋湖赋》菅赠大相国）

此赋为对秋湖之美的赞颂，因知自然胜趣而倍感风流。这样的用法在中国的古籍中似乎并不多见，或许正是兴起于道真也未可知。

> 然犹山貌叠嵩，岸势缩海。人物变分，烟霞无变；时世改
> 分，风流不改。芦锥之穿沙抽日，波鸥戏波；叶锦之照水浮
> 时，彩鸳添彩。（同《奉同源澄才子河原院赋》源顺）

此为对源融虽逝而庭苑风趣无变的咏颂。"烟霞"即为自然山
水，而"风流"则是指对自然山水之美的喜爱，这是与"人物"
"时世"的变迁相对的不曾变更的东西，是永恒的东西，是和历史
的变动相对应的自然与文化的永恒价值。在汉诗文的世界中，"风
流"也渐渐转向了这样的方向。此赋的后文亦有"喻富贵于浮
云，诚天与也"的感慨，而"风流"也与这样对永恒的憧憬有了
链接。

> 洛阳城内，有一离宫，竹树泉石，如仙洞尔，盖世之所谓
> 亭子院焉。太上法王，虽入三密之道，出万乘之家，犹未舍此
> 地风流，以助彼岸寂静。故今商飚半暮之秋，汉月正圆之夕，
> 阿耨池净，摩尼光浮。（同卷八《八月十五夜，侍亭子院，同
> 赋月影满秋池，应太上法皇制》菅淳茂）

此赋所咏诵的是宇多法皇对亭子院林泉之美的喜爱，但文赋将
其视为佛道之助，从而使得"彼岸寂静"与秋景之美达到了混融。
当然赋中的"风流"一语也是指自然之美，但这种自然更多偏向于
庭苑形态，是对人工之美与艺术之美的结合，并且其又融汇于宗教

的情调之中。

> 夫布政之庭，风流未必敌崐阆，兼之者此地也。好文之
> 代，德化未必光于光炎，兼之者我君也。（同卷十《暮春侍宴
> 冷泉院池亭，同赋花光水上浮，应制》菅三品）

> 天纵风流，地得形势。（同卷十《暮春同赋落花乱舞衣，
> 各分一字，应太上皇制》后江相公）

前者为菅原文时对冷泉院之美及布政庭仙境般的幽趣的称赞，同时又有对圣上之德化与文雅的赞美。（此用例引自《作文大体》）后者为大江朝纲对"太上皇遁世之别馆"的赞美之词，他赞其为"姑射之岫""无何之乡"，称自己"臣谬入仙家"。这些赋都是对春景之美的描写。至此，"风流"成为对仙寰之美的形容，其以道家的思想为背景，带上了如同八代集的和歌中所展现的那种都市的、人工的、庭苑的自然美的意味。但是这种美同时也是"天与"之物。

在《本朝文粹》卷十大江朝纲《初冬玩红叶，应太上法皇制》中，充分展现了法皇居于所谓"仙洞"之中的悠游之趣，其中对"风流"之语的使用，如有"风流犹疏，对蜀柳而报面"，并引用了《佩文韵府》第七例"蜀柳"的故事。而以"风流"之语形容自然之美的用法，至此便有了清晰的源流。

像这种应制所作的文赋，除此之外还有很多，几乎都大同小

异，其中都充溢着对在林泉之中随侍帝王游宴的光荣的感激，对帝王之德的赞美以及对自然风致的欣赏，正如奈良时代的和歌中对天皇庇护之下醉心于天地荣华的歌咏，所传达的是与人麿、赤人的应诏歌相同的精神，这在八代集的和歌中也极为多见。从根本上而言，这些歌赋都是在对国家太平的讴歌声中包含着对自然之美的憧憬以及对极乐仙境的归依之情，但在此时，对现世欢乐的陶醉尚未成为其基底。

下面我将以和歌世界为背景，举出一些能够表现"风流"思想的例子，以此可知和歌世界亦占据了"风流"的一席之地。

> 十月一日，云客二十余辈，赏景物，恣登临，策绿耳而望山村，则林风之声萧索，命黄头而棹水乡，亦沙烟之色渺茫，逍遥之美，未尝有焉。彼小有洞之僻远也，白石之迹谁寻，此大井河之风流也，红叶之妆足观，情感之至，遂咏和歌。
> （《本朝续文粹》卷十《初冬于大井河玩红叶，和歌一首并序》国成朝臣）

悠游于自然之中而乐享此中韵事，即可谓之为"风流"，这在天皇与法皇的宴游之中应该说是颇为典型的，而其源流则可追溯至《怀风藻》。关于"风流"的用例，《本朝文粹》与《本朝续文粹》中便多为此类。然而随着时序变迁，"风流"一词也渐渐出现在展现民间个人行乐的诗歌中，例如《本朝丽藻》《本朝无题诗》中都颇为多见，此处自难全部列举，只能抄录部分如下：

围棋掩韵及鸡鸣，向老殷勤朋友情。口咏新调千首集，心归不断一乘声。水烟半湿绮罗冷，山月初升楼阁明。逸乐君家时日事，风流常得到蓬瀛。（《本朝丽藻》《夏夜池亭即事》仪同三司）

……于时我党之英都卢四人，虽偷出洛城，远寻风流之幽趣，而一入古寺，共动旧故之悲端。……（同《七言，冬日于云林院西洞同赋境静少人事诗一首》源道济）

一寻别业许相从，赏玩风流到下春。……（同《暮秋于左相府宇治别业即事一首》序，拾遗纳言）

闻说山家素得名，风流超过汉西京。樵夫路近谈王事，渔父歌闲惯雅声。白浪频翻秋雪乱，红林半透暮云横。一吟佳句赞游乐，初慰终年寂寞情。（同《偷见左相府宇治作有感》中书王）

城南别业富风流，翻号与门最有由。严饰仙坛宜礼敬，忽回凤衣暂淹留。林穿红叶渔家透，岭入青天鸟路幽。非只参差楼阁好，山容水态望悠悠。（《本朝无题诗》卷一《行幸平等院》源经信）

何处月光足放游，寺称遍照富风流。岁中清影今宵好，天下胜形此地幽。池水冰封宁及旦，篱花雪厌不知秋。已将亲友成佳会，还笑剡溪昔棹舟。（同卷三《遍照寺玩月》藤原明衡）

一寻别墅暂回眸，景气萧条属晚秋。泉洗苔衣飞石背，岚裁

叶锦洒林头。郊扉暮掩茶烟细，岫幌晴褰桂月幽。胜趣元来多此处，时时引友玩风流。（同卷六《秋日别业即事》藤原知房）

宇县风流趣奈何，翠帘四面得山河。……（同卷六《宇县》法性寺入道殿下）

……抑山水风流，烟霞气色，云此云彼，有兴有情。……（同，序）

长乐道场称地宜，风流西面太幽奇。左龙泉冷雨声洒，西羽山曛云色垂。溪树留秋才有叶，庭松历岁半无枝。从来此处尘机绝，每用俗襄毁誉为。（同卷八《冬日游长乐寺》藤原明衡）

在《本朝丽藻》的例文中，第一首《夏夜池亭即事》所呈现的，是混融了围棋之乐、唱诗之雅、山水之美与友情及宗教情感的清游雅会中的多重趣味。其中的"池亭"所指的便是山月水烟之境，其所在或许是山庄或许是寺院。接下来的游云林院之作则是对古寺幽静境界的寻觅，其中饱含怀旧之情。"我党之英都卢"具体所指何人虽已不可知，但也必定是平安末期汉诗坛的风流人。此诗的作者道济也是一名歌人，并著有歌论《道济十体》。而第三第四则例文中的宇治别业是道长[1]的别庄，这一时代，山水间的行乐与寺院内的勤行几乎是一致的，其中都包含着诗歌管弦的艺术雅游。譬

---

1. 道长：藤原道长（966—1027）。平安中期廷臣，摄政，兼家之子，法名行观、行觉，通称御堂关白。1019 年出家，建法成寺。 留有日记《御堂关白记》。

如在《源氏物语》椎本卷开头，便有匂宫在初濑参诣的归途留于宇治与薰一同雅游的情景，其中就描写了八宫山庄之美。可见在物语世界也不乏这样的"风流"。而在物语中，这样的"风流"一般多以"哦可嘻"（おかし）形容，有时也会用"有趣"加以表现。对于这样的用词，当今注释者们会多将其释义为"风流的"。可以说，物语世界对"哦可嘻"的爱用程度恰就相当于汉诗中的"风流"。

而《本朝无题诗》的诸多例文，都是对别业、寺院中幽寂之美的赏赞，因而其中的山水描写也极为细密，多会使用"山水风流，烟霞气色""风流西面太幽奇"这样形容自然之幽寂的诗句。《遍照寺玩月》等所状写的则是亲友佳会，其亦可被视为后来芭蕉俳席与利休茶会的源头，是可以直接引入汉诗人与南画家雅游的风流清筵。在这些诗中，其实已经颇有日本化的痕迹了，不过其中的中国趣味仍然非常浓厚，不禁让人感叹，这果然还是汉诗人的世界啊。

由此可知，"风流"即是随着文人雅会发展而来，其核心是对自然之美的赏鉴，因而相关诗文中多会见到对山水的绘画般的描写。当然此时宋元水墨画尚未传入日本，因而对山水的绘画般的描写中所包蕴的也是大和绘风的色彩感。譬如"翠帘四面""泉洗苔衣"的青绿，再如"林穿红叶渔家透""红叶半透暮云横""岚裁叶锦洒林头"的胭脂渥丹之美，其中既有幽寂之感，亦有悠婉的情味。或许也可以说《千载》[1]《新古今》之美便是从这样的审美意识

1.《千载》：指《千载和歌集》。

中发展而来的。

> 征途天曙不逃形，海渚风流展翠屏。……（《本朝无题
> 诗》卷七《乘舟到新宫凑》藤原敦光）
> ……纵虽季放画图笔，此地风流难写成。（同卷七《周防
> 田岛凑》释莲禅）

以上引文便明确地显示出了"风流"的绘画性。如果说《源氏
物语》主要是将"哦可嘻"加以音乐化的赞叹，那么汉诗中展现的
则多是绘画性的"风流"。（《古今著闻集》序［建长六年］中，亦
有"风流之随地势，品物之叶天为，悉忆彩笔之可写"之语，可见
视绘画性的自然之美为"风流"，已成共识。）此外，古诗文中也
有如下以"风流"指称音乐性趣致的用例，不过其极为罕见。

> 秋光变处望中寻，山水苍苍景气深。烟暗半残镟岫黛，月
> 明斜入镜湖心。随岚落叶含萧瑟，溅石飞泉弄雅琴。欲爱风流
> 新趣去，君恩未报不抽簪。（天德三年斗诗行事略记《秋光变
> 山水》五番左，顺）

另有一些诗文，所展现的则是将这样的自然之美归于"造化"
之力的思想：

高林浅水一山家，造化风流绝世邪。……（《本朝无题
诗》卷七《冬日山家即事》藤原周光）

……胜绝风流依造化，不斯人力以相加。（同卷七《野店
秋兴》释莲禅）

此外，还有以山水之"风流"的永恒对应人世易变无常的诗
句，并由此表达对过去的思忆和对永恒生命的向往。

……人物变来非往日，唯看泉石卜风流。……（同卷九
《夏日游栖霞寺》藤原实范）

……俗裹尘垢前非尽，仙涧风流古意多。（同卷九《暮春
六波罗密寺言志》敦光）

从平安后期至镰仓初期，汉诗文世界中对"风流"的使用大抵
如上，但因资料过于繁杂，细究之下或许也有疏漏也未可知。最后
我仍会附上一些值得注意的用例。如《本朝文集》中的"风流蓄
美，水石蕴奇，传以占栖""琪树碧岩之势幽奇，风流之美冠绝天
下""方今仙居侧畔相去数步，风流蓄美"等，都是极言"风流之
美"的例子。这样的"风流"，即可解释为山水之意。另有栗山氏
《风流论》引用了《中右记》中的如下诗句："风流胜地，水石幽
奇。""凡胜地幽奇，风流胜绝，池水湛千秋之色，山形传万岁之
声。""云水茫茫，眼路空疲。……岩石色色，松树处处，地形幽

趣，风流胜绝。""渐溯泷，南北山势诚崄岨，奇岩怪石，风流胜绝。"这些多是从"风流"中见出幽趣、奇趣的用例，由此也可大致了解汉诗文中的"风流"到底为何。

汉诗文中所用的"风流"，多是指山水，即清灵的风景之美，不过偶尔也会见到一些咏诵自然物之风致的咏物诗中使用"风流"的情况。譬如前文所引用例中对蜀柳之"风流可爱"的赞美，其中更多了一种日本式的感觉主义与平安时代印象主义的美感。

看取风流何所似，琉璃盘底水晶丸。（《新撰朗咏集》露）

诗中将莲叶上滚动的露珠比作琉璃盘底的水晶，其中显示的是将《枕草子》风的敏锐感官与《古今集》以后的工艺美术鉴赏眼光相结合的审美趣味。如这般从自然物中见出艺术美感的审美，或许也是斗草赛花盛行的原因，而且在描写斗草之美的诗中也有对"风流"一语的使用：

楼中皆艳灼，院里悉芬芳。散□[1]蓄虑竞风流，巧笑便娟矜数筹。……（《文华秀丽集》《观斗百草简明执一首》滋贞王）

1. 原文如此，下同。

这首长诗全篇极尽平安时代的华艳，其中的"风流"，是在"试倾双袖口，先出一枝梅。千叶不同样，百花是异香"的自然之美与服饰之美的交融之中展现的。而"芍药花，蘼芜叶，随攀迸落受轻纱，蔷篱绿刺障罗衣，柳陌青丝遮画眉"等，则是以斗草的材料描摹"美少繁华"的春姿，这不正是《玉台新咏》的世界吗？而且，诗中亦有状写美人姿容的人体容貌之"风流"：

> ……踏云双屐透树差，曳地长裾扫花却。数举不知香气尽，频低宁顾金钗落。婵娟娇态今欲休，攀绳未下好风流。教人把著忽飞去，空使伴俦暂淹留。……（《经国集》《杂言，秋千篇一首》太上天皇）

此为一首御制长诗，描写的是在游戏秋千的美人姿容，堪称一幅诗化的中国仕女图，也可说是《玉台新咏》中绣娘以及《万叶集》松浦河仙媛的平安时代化，从中还依稀可见吟着"安积香山"歌的《万叶集》采女那个"风流娘子"的余韵。

如这样在感官之美中见出"风流"的诗，则是渐渐将"风流"从对自然以及作为自然之投射的人的容貌的摹写，扩及了纯粹的人工之物事。

> 女房料左方调桧破子，（以紫檀地螺钿为足，以村浓色结之，绘图山水尽风流之美。）方人传取置帘前矣。（长元八年五

月十六日《贺阳院水阁歌合》）

女房所献歌置筥上，各书彩笺，或以题目趣施画图，或以金银泥成文彩，风流之美不可视缕。（永承五年六月五日《佑子内亲王家歌合》）

这两个例文都是对歌合中饰物的"风流之美"的盛赞。所谓"风流之美"，在此处即为人工之美、意匠之妙，是一种艺术趣味的呈现。前者的"风流"主要言说的是"绘图山水"，因而其所指为绘画的美，但是其中也包含着对桧木食盒整体工艺美术之精巧的形容。后者的"风流"也是以画图、文彩这样的装饰美术为中心的。这样看来，"风流"的所指，便不仅限于自然、人体之美了，还应包纳着造型美术之美。

除此之外，还有以"风流"指音乐的用例，不过这样的用例在古籍中极为少见：

入朝贵国惭下客，七日承恩作上宾。更见凰声无妓态，风流变动一国春。（《文华秀丽集》《七日禁中陪宴诗一首》释仁贞）

此处的"凰声"，我虽不甚明了，但应当就是指御宴之上的音乐吧。而将"无妓态"视为"风流"，我认为其中多少都包含着一些政教的意味，是对宫廷高雅趣味的赏赞。而且因为作者并非日本人，诗中似乎还带着《文选》那样的中国古诗的韵味。

关于在竞歌之中使用绘画加以装饰的例子，上文已有例举，但事实上不只竞歌，在各种斗物的游戏之中也凝聚着各式的巧妙意匠，此亦被称为"风流"，而且相关用例很多，现略举几例如下：

……十二人人别就小鸟笼，或尽风流。（《为房卿记》宽治五年十月六日，小鸟合）

今日新女院（郁芳门院媞子内亲王）女房之根合也。……先日筹刺灯台之风流，如此事皆以可停止之由被仰下了。（《中右记》宽治七年五月五日辛巳）

上皇（白河）于鸟羽殿有前栽合兴。……先右方人人参来立灯台，但兼日依仰止风流。……前栽异立前庭，左右各风流，作花入台以御随身异之。（《中右记》嘉保二年八月廿八日）

贝风流（可作伊势海）（《山槐记》应保二年三月七日，贝合）

左打锦幄，右作黑木假屋云云，各其风流尽善尽美。但右殊依有禁制，不用金银锦等之类云云，然而甚优美也。摸临时祭舞人插头花等云云，左乖制法尽金银云云。凡此经营，其费不可胜计云云。（《玉海》承安三年五月二日，院中鸭合）

由上可知，在竞花斗草中，以花草装饰于砂洲盆景之上，其间所凝意匠即可称为"风流"。此外，在"筹刺"、灯台之类的物品中也可见出"风流"，而且我们已隐约可以窥见其对流于华美骄奢之物的排斥。而郁芳门院赛根记事中的"筹刺"，在不同的书中有不同的写法，也比较难解，其所指的就是在竞赛中为计胜负所用的珠串或者树枝，即使是这样的器物之上，也被附上了"风流"的意味。

平安时代末期的"风流"，不仅限于以物品进行的竞赛游戏之中，更多则是延及了工艺品与服饰之上，现略举出几例如下：

> 三郎主者，细工并木道者也。手簏、砚箱、枕筥、栉匣、厨子、唐柜、基帐足、屏风骨、灯台、佛台、花机、经机、高座、礼盘、大盘、高器、胁足、巳上所造、鞍桥、扇骨、葴、太刀装束、唐笠、造花、藤卷之上手也。总风流曲节，无所可喻人。故因十指撋营，致一家□稔，持三寸小刀，资五尺大身乎。（《新猿乐记》藤原明衡）

> 近代着风流装束，欲制之旨可奏状仰了。（《中右记》永久二年）（同，承德元年）

> 凡天下过差不可胜计，金银锦绣风流美丽不可记尽。（同，大治二年六月十四日，祇园御灵会）

> 金银锦绣风流过差，美丽凡不可记尽。（同，大治二年）

> 灌佛布施施僧过差，非锦绣不裁，非金银不饰，自今以后，永停风流，莫致华丽。（《三代制符》建久二年三月廿八日宣旨）

> 贺茂祭，左中将隆长朝臣，乘风流车，往反大路。（《百

炼抄》七，久寿二年四月廿日，参照《台记》久寿二年条）

由此可见，"风流"一语在当时是极为普及的。

在平安时代，此种作为体现美之意匠的"风流"，所显示的是贵族的华美之风，因而砂洲盆景、祭礼之上车驾的"风流"便极具代表性了。但一般来说，这样的"风流"终会流于"过度"亦即骄奢，所以会频频出现于禁令之中，即便到了镰仓时代也仍然是愈加盛行的。

以上所说"风流"，是人工物品之中展现出的"风流"，与其说其表现的是一种美，毋宁说更意味着某种场合之下的"常"与"变"。这一点作为与"雅"相对的"风流"的特性，无论最初如何，到了平安末期则与华美、骄奢相结合，从而带上了与质实、平常之物相反的倾向。对于"风流"，《和训刊》的释义为："我邦之俗的优雅凋落。"可见，优雅与珍奇的共存，方显"风流"的特色，而且，较之于"实"，"风流"更加偏向于"花"，或许，其比世阿弥所说的"幽玄"更偏向于"花"。[1]

这样珍奇且华美，并凝汇了美之意匠与趣味的"风流"，到了中世则愈加盛行了起来。因而中世的"风流"也大抵不会出于其外，下一章便对中世特殊的"风流"试论一二。

1. "花"、"实"：在日本歌论、连歌论、俳论等中，分别对应外观与实质、形式与内容。

中世"过差"与"婆娑罗"的"风流"

对于中世凝汇着华美意匠与珍奇趣味的"风流"，辞书中涉及"风流"时举例颇多，譬如《太平记》中，便有：

> 奢华如常，极尽风流，自西郊东山狩鹰归来。（《太平记》二十一）

此为《太平记》中所记佐佐木佐渡判官（入道后法名道誉）一族郎党极尽荣华，在狩鹰归途攀折妙法院红叶并粗野放火之事。《太平记》中还记述了佐佐木道誉（一说为导誉）举办的豪奢茶会。关于道誉，堀口舍己氏在《利休的茶》（《思想》二三五号）中便有所涉及，可作参照。

而其中所谓的"奢华"，即此种类型的风流，在《大言海》中的释义为："虚伪，饰于其表，摆阔，虚荣。"对此，以下例文中就有所表现：

好风流者中，有与生俱来的勇者，而无仁义的勇者，有仁有义，如何偏好奢华。（《恩地左近太郎闻书》廿三）

近日号婆佐罗，专好过差，云云。风流服饰无不惊目，云云。（建武式目）

由"建武式目"例即可知何为"婆娑罗"，现将这一例文全部列出："一可被行俭约事，近日号婆佐罗，专好过差，绫罗锦绣，精好银剑，风流服饰，无不惊目，颇可谓物狂歉。富者弥夸之，贫者耻不及，俗之凋敝无甚于此，尤可有严制乎。"而在"信玄家法"中也有"风流不可过之事"一条，其所指的也是过度奢华的"风流"。由此可以推知，在中世的一般社会，弥漫着一种以不甚道德的恶趣味风流为主流的风流观，不过细察之下则会发现，这样的中世风流中也有各种不同倾向。与中世风流较为相近的应属平安时代优雅的贵族趣味了，亦即以公卿世界为中心的尚古的高贵文雅的风流，而单纯的"婆娑罗"的暴发户式的风流，毋宁说是武士与庶民的趣味。譬如后面会提及的茶道风流等便是笼罩在贵族的风流之中的。而与此相关的资料，在纯粹的文艺作品中几乎难以得见，但在如《玉叶》《明月记》《看闻御记》《荫凉轩日记》《言继卿记》等日记类的著作中则较为多见。对此研究最为深入的，我认为当属写下《能乐的研究》的成濑一三氏。

成濑氏通过对《玉叶》《明月记》等的研究，从中发现了许多关于"风流"的用语，如：祭礼中"放免"的衣裳风流、田乐猿乐

42

中的衣裳风流、笠风流、风流炭柜、风流火桶、风流橱子、风流果子、风流食盒、屏风风流、草子风流[1]等等。所谓"放免"，即检非违使厅的下部，其会在贺茂祭中穿着绫罗锦绣，并饰以花等装饰物，此可谓之为"风流"。在《徒然草》的二二一段中也有关于"放免"衣饰的描写。再如："其中最富匠心又广为世人所知的，当属贺茂祭近卫使的'车风流'、祭礼中游客所乘的游览车的风流、'放免'的风流、祭礼之外装饰于五节舞与游宴座席上的'栉风流'。"其中详细说明了诗歌、物语、故事等中所提及的一些人工制品中所包含的寓意与匠心。（《能乐的研究》二三至三一页，一四二至一四五页，《国文学踏查》第一辑，八七至九〇页）

这样一来，这些人工制品的风流中便自然流入了古典的趣味，我们也可以从中看出贵族的好尚，但同时也很难避免其展现出奢侈的游戏性。因而，这样的人工制物的"风流"到底能否被视为纯粹的审美与艺术实际上是存疑的。但其与《新古今》以后的歌坛趋向也并非全无相通之处。譬如在定家的日记《明月记》中便有不少对于此种尚古的、装饰的、游戏的"风流"的种种记事，尽管会让人稍有腻烦之感，但其中所包含的文化史的意义却是无可否认的，特别是对于对这方面的研究感兴趣的人而言，应该说是很好的参考。

以下为《明月记》中"风流"的部分用例：

1. 草子风流：草子，即册子，尤指以假名文字书写的和歌、日记、物语等装订而成的书册。 草子风流即指书册风流。

天晴，于北大路栈敷见物，入道殿同御坐，今年梶井宫内力者有别渡之云云，以金银锦绣施风流，皆悉着指贯平笠……（建久七年六月十四日）

申时许参大臣殿，相次参宫御所，巽方悉造毕，风流之胜形不异仙洞，殿下御回览，依召参御前，御共暂徘徊，（正治元年正月四日），秉烛之程相伴宫女房达，密密出见物。（中略）内府随身上腊着绢狩衣袴啊，（打物也），华丽殊胜，右府御随身布装束付金铜风流，下腊二色，左大臣殿不被施别风流，各布狩衣等也。（正治二年正月八日）

早旦依番上格子了，即为见物出，（中略）次御随身下腊为先，皆苏芳狩袴，不施风流。（同二月三日）

酉时许束带参上仁王会，（中略）今度水干装束不及华美，曲折风流。（同十二月廿五日）

昨日临时祭公卿十人参云云，（中略）使雅亲朝臣，杂色萠木，不付花风流。（建仁元年三月廿一日）

此边辻祭，二社被渡御前，（中略）施种种风流，渡了游女退下。（建仁二年四月八日）

杂色红衣二蓝黄单衣，不付风流。（承元元年四月十六日）

今日上下，无染装束，又无付风流人。（建历二年十月廿八日）

又今日于马场殿有鸠合负态，左金吾经营，其风流只金银锦绣尽善尽美云云。（建历二年十二月十日）

……或伴风流，或伴花，不遑记。（建保元年六月十四日）

今日风流栉等构出送之按察火桶（押锦以栉为炭，以白物为灰，栉廿入之。）炬屋一。（以栉茸其上为桧皮，以薄样为立菩，男一人居其内，以花田薄样为衣，红薄样一结之为火，在前。）（同十一月十二日）

如形风流送平相公许，诽承明黄门作出，以薄样作苣盖入栉，如数，其上以薄样（冰），结文，付竹枝并文付冰，是狭衣雪歌之由欤。（嘉禄二年二月十五日）

定纳言消息，风流栉事，蒙昧倦堕不领状。（安贞元年十月三日）

风流破子[1]，赞殿供膳，辨令料之外不见欤，如然事可依时依欤。（宽喜元年五月二十一日）

始连歌（中略）赋何所何殿，但州出题赋物，有有物等，伊势物语风流发句，每事有风情，尤丁宁欤。（同六月二十三日）

行幸日手鞠负态，为左右幕府之营，去五日被进禁里，作天德歌合左右，洲滨风流地铺等用锦，（金银如旧），洲滨下入单重廿云云。（同七月七日）

及未斜但州相具前能登来临，相具风流物，已以过差。（同七月廿一日）

女院今日御着带，（中略）明日御舆云云，（中略）所所风

---

1. 破子：内有隔板且加盖的饭盒，也指装在这种饭盒中的便当。

流物又自诸方集会云云。(天福元年七月十六日)

大僧正御房之风流以赤锦为桥被立鹤,以沉为桥柱被渡女房之中水云云,(中略)上北面之中被出风流物,以扇为笼,以色色村浓染物绢聚积之云云,微妙风流虽千万不杂见,(女房之中事也。)(同十七日)

今朝不撤却昨日风流物以前,重时骏河,可见物云云,嗜欲之源风流华盛之开,强非朝廷之要,皆是末世之耻而已。

(同十八日)

关于手工物的风流,中世文献可说是车载斗量。《太平记》卷二十四就精细地罗列了天龙寺供养场内参拜者们的行装之美与衣饰的极尽风流,也写到了寺院内的装饰以及蓬莱山形盆景的风流。而且《太平记》序还对第二十四卷中所提到的天龙寺中池庭的风流进行了更加精细的描写,其看上去仿似自然之美,实则仍然是造园与建筑的风流。

可见,中世豪奢的风流实际上涉及了各种物品,其中许多都是游戏玩物,当然也有不少堪称美术品的东西。因而,中世"过差"与"婆娑罗"的"风流",也包含着丰饶的美与艺术的价值,这一点是不容否认的。这使得原本以伦理、政教意义为中心,而视艺术性为从属的歌谣世界中的"风流"向着美与艺术的方向移动。但是中世的"风流",也不过是对实际生活的美化,例如"破子风流"就是对食物与食器的美化,《看闻御记》中便有如下描写:

廿九日，天晴，夜雨降，禁里舞御览可为昨日之处，依雨延引，今日有御览，室町殿申沙汰，殊严重之仪也。一献被进之，破子风流尽善尽美，（中略）风流殊更殊胜也云云。（应永廿三年二月）

八日，晴，熊野下向当所近边行路也，仍密密见物出。……行烈二三町相连，希代之见物也，事事见了归，闻，于稻荷武卫御坂迎，立假屋二宇，种种用意，破子风流尽善尽美云云。……（应永廿八廿四月）

廿八日，晴，今日室町殿铠着初，则评定初云云。自内里风流破子三重被下。（太平乐三重，鞨鼓二重，洲滨形二重。）先日仙洞舞御览破子也，殊胜惊目握玩无极。（正长二年八月）

此外，在《桂川地藏记》中，也描写了参拜者与庆典之上的风流，现将其中使用到"风流"一词之处列举如下：

诚是裏中塞外，人家民屋，在在处处，风流杂物，品品区区，不可胜量者也。彼风流所用之具足等，次第不同。（前田家本七枚里）

田头之农夫，为风流忘工夫，不觉时刻之移矣。（同十一枚表）

彼风流之兴，言之不足，故嗟叹之。（同二十枚里）

将夫或老女，日顷何时因此地藏菩萨，访风流。（同）

或男学女，或风流女学大丈夫，互袖打通戏游状，真成空甚，强面浮浪哉。（同二十一枚表）

在这些用例中，有"风流"的广义用法，也有专指特殊的中世"风流"的例子。其中华美珍奇的"风流"并不仅仅限于指称服装、日用品、车轿等工艺制品，而是已经延及了包含歌舞音曲等的宴游祭礼之中，同时在武士、庶民、僧侣等各阶级都得到了普及，可以说是获得了显著的发展。

由此可知，中世"风流"的核心，便是如上所说的"过差"与"婆娑罗"的"风流"，而作为其作证材料，书简之中的记述也是不可或缺的。在平安时代出云守藤原明衡的《云州消息》（《明衡消息》）中，便有如下记载："朱雀院内，殿舍重轩，水石相得，其中柏梁殿艮角有飞泉云云。年来被掩荆棘，人不知其处。近曾院预改补之后，修理扫除致丁宁之勤，件泉殊被洒扫，风流炳焉。其水冷不异寒冬之水，奇岩绕涯旧苔铺庭，又古松老扇其丈百丈，千寻相列蔽其天，纳凉之地何处过斯乎。""近曾为果宿愿参诣法轮寺，往反之间独望山川幽奇。大堰河之风流如模越水，小藏山之景趣不异楚岭。就中时属初冬，草木皆含萧索之色，红叶随风缤纷，白菊载霜憔悴，游览之兴在此时者也。"此中"风流"，指的是朱雀院与大堰河的风物之美，所显示的是前文例举汉诗文类中贵族们对自然幽趣的热爱之情，尽管也有"过差"，但亦属清雅趣味。然而在《云州消息》中有一处如此描写贺茂祭使："云珠杏叶从兼可尽风流之美也。"并记述了他对马具装饰物的兴致。这种在庆典与服饰方面以华美为风流的态度，及至中世更是盛况空前，仅从中世的往来书简之中便可窥知一二了。

到了镰仓时代，《释氏往来》（守觉法亲王）中对大乘会随从即有如下记述："狩袴风流，郦县之菊汉林之叶，结之饰之尽善尽美。"《新十二月往来》（藤原良经）中则以"风流"况写五节棚的情状："棚十荷给了，感恍之至不可申尽候。风流之美已无此类，早可令进内中宫御方候。"而在吉野时代，《尺素往来》（一条兼良）称贺茂祭中持犀矛的人"以金银风流（而）付于其衣裳候"，赞祇园会的山矛为"风流之造山"，对于七夕祭的描写则为："穀叶上（之）索面者七夕之风流。"《山密往来》（实岩僧正）还写到了端午节的"风流"："旨酒一樽，（加菖蒲。）嘉肴一合，（敷艾叶。）推进之。以左道为风流候，比兴比兴。"《新撰类聚往来》（丹峰和尚）则记载了繁华的"风流"盛典："始扬篛叶为饰，剪纸为帛，打手拍子，吹竹筒，以促一兴而已，为是滥觞竭风流间，大鼓钲鼓笛羯鼓，其音殷殷而盈耳滴丁东了滴丁东，或枉竹造山，捧伞，为桦，或露饱腹鼓之胸骨，从螳螂舞颈筋，或无骨有骨，独相扑，独双六如此。"此外，在《庭训往来》（玄惠法印）、《异制庭训往来》（一说其作者为虎关禅师），对于竞赛及经营之事也有"为风流可入物非一""样样之风流，余兴于今难忘候"的记述，亦列举了各式各样的奢侈之物，其或为竞赛的奖品，或为竞赛之余兴而被使用在游宴之中。

由此可见，中世往来书简之中所展现的"风流"，并未朝着自然幽趣的方向发展，而是更倾向于表现人间社会的华美盛会。当然，汉诗趣味中热爱自然的风流依然贯穿着整个中世时期，其中最著名的就是后文会提到的五山禅林诗文，但偏好人工美与趣向的风流在这一时期亦是逐渐兴盛。中世清寂枯淡的趣味，与对其展露出压倒之势的豪华骄奢嗜好相抵牾，成为这一时期的独特现象。而这种"过差"与"婆娑罗"的"风流"也随即流入了贵族与僧侣之间，不过其发生终究是源于作为新兴势力的武家与庶民阶层。

四

茶道的"风流"与"数奇"

在关于茶道的文献中，"风流"一词出现较少，而《看闻御记》对某次茶会的记载，当属"风流"在茶道相关文献中的最早用例了。对此，《茶道全集》卷一（茶说茶史篇）载入了一篇题为"足利时代前期的茶会"的肥后和男氏的解说。现将《看闻御记》的记载摘录如下。时值应永二十三年二月：

> 廿日，晴，源宰相退出，俄有御茶会，三位，重有朝臣，长资朝臣，寿藏主等候，自今可为顺事各被结番，今日者御所样为御头，被出悬物，三位一矢数取悬物，相残悬物取落孔子。
>
> 廿六日，雨降，先日顺事回茶，予，长资朝臣，沙弥行光等为当番，一献等申沙汰，悬物事逸兴之物可用意之由依仰如形风流物等进之。笛付竹枝，（以引合作之，）筚篥一管，（以茶作之，）柳枝付栉，屿形石苔浪等有之，（气霁风梳新柳发诗心也。）花笠，（本结犬张子等笠付以花饰之，）风铃付花枝，

（以鹅眼作之，）青马数匹付花枝，巳上自分也。花枝（色色五种付之），长资朝臣所进也。花枝，（犬箱张子等付之，）行光进之，座敷聊饰之，屏风绘花瓶等并之。茶以前一献，次回茶七所，各取悬物，相残悬物取落孔子，茶了酒宴催兴，舜藏主，绫小路三位，重有，长资朝臣，寿藏主，沙弥行光，明盛，广时，禅启等候，予所进悬物，公私有襃美为眉目。

三月一日，天晴，告朔吉兆，每事幸甚幸甚，先日顺事有茶会，新御所，重有朝臣，广时头役也。一献广时奉行，有风流，长柜二合，种种肴点心等纳之。……（应永廿三年三月）

二日，晴，有茶会。予先日令张行为顺事，三位，禅启。广时申沙汰也，先一献。次回茶，七所，悬物聊有风流。椎野一矢数恩赏等两种取之，自余七所胜负，或落孔子等，面面取之，一笑无极，一献数巡，终日催兴而已，人数如先日。……（应永廿五年二月）

六日，晴，茶会顺事。椎野，重有朝臣，长资朝臣，寿藏主头人也。行丰朝臣祇候之间召加，悬物二种，捶等持参。神妙也，头人悬物各两三种，聊有风流。先一献，次回茶七所胜负也。行光一矢数悬物两种取之，七所之悬物各取之。残物落孔子取之，其兴无极。茶讫又一献，酒盛音曲等尽兴，亥克事了人数如先度。（同）

此外，也有一些只关于茶会以及其中赌注的记事。《太平记》

卷三十九中所记佐佐木道誉的大原野花会于贞治五年举办，比《看闻御记》的记事更早，但其中所记述的，不只有茶会，还有花、香、茶、猿乐[1]、白拍子[2]等诸多艺能，是畅游山水之间的综合性大游宴，虽未特意用到"风流"之语，但仍有对设有赌注的茶会的记载："遥登风坡，引竹笕于甘泉，置茶汤于石鼎，听松籁之声，待得茶汤芳甘春浓，一盏之中，若有天仙。"再如："引幔于荫，双立交椅，调百味珍膳，饮百服本非[3]，赌注遂堆积如山。"（此记事是我们感受中世中叶豪奢华丽的风流的绝好素材，其描写也极尽优美，但文中多写风景之盛、香气之美，却并未详写茶事。）《太平记》记述的真实程度尽管向来是存疑的，但无论如何，其中记载的贞治、应永之交茶会的奢华与游乐的场景，也可与这几例相呼应。肥后氏指出，这种初期茶会的记事，除此之外，在《光严院御记》（元弘二年六月五日）、《中原师守纪》、《祇园执行日记》、《东院每日杂杂记》等中亦可得见。

这一时期的茶会，颇似中国的斗茶，但并不是评比点茶的成绩，而是通过品评茶的种类以竞胜负，赌注则会作为胜方的奖品。

---

1. 猿乐：曲艺杂耍。由奈良时代中国唐朝传到日本的散乐演变而来。约从镰仓时代开始，以此为业者都隶属各地神社，在祭祀等仪式上即兴表演，深受平民喜爱。到室町时代，观阿弥、世阿弥父子把田乐、曲舞等要素充实其中，发展为能乐。
2. 白拍子：平安末期兴起的一种歌舞，亦指以此为业的艺伎。其通过曲舞对能乐亦产生了一定影响。
3. 本非：指本茶·非茶，本茶为产于京都栂尾的茶，非茶则是其他产地的茶。斗茶中，通过判断本茶·非茶以决胜负。

不过有时也会以表演为主并赠之以礼品，当然也有抽签获取赌注的情形。不管怎么说，也确然是赌博无疑了。而到了茶会将尽，还会有大酒宴，也会吸引许多余兴尚足的游客围聚而来。所谓"顺事"，就是按照既定的顺序开办茶会。而《看闻御记》中所说的"风流"，是酒肴茶点中的情趣，赌注上的用心，诗与歌寓情言心的状态，桂女[1]侍从鱼贯而出、少女出演插秧舞的盛景。这些与"栉风流"的道具、"延年[2]·狂言风流"等都是一样的，只是在茶会中要格外显眼一些。由于当时的宴会皆有酒宴与竞技的性质，因而纵然是茶会，也展现出了足可与当时其他宴会的豪奢相媲美的华美逸乐的风流况味。但是，这样的风流也只不过是带了些许的贵族的雅趣罢了。这一时期的茶会，实则是因为其中的室内装饰之美可作为后来茶会的滥觞而值得我们注目。但当时的记事似乎对此并无太多兴趣，故而被省略掉了，或者说并没有到特意用"风流""逸兴"这样的词对其大加赏赞的程度，因此将其视作茶会风流的一隅也无妨。茶会上的室内装饰之美，是由屏风、画轴、陶瓷花瓶、台案共同呈现的，绘画三幅一组，往往会挂上牧溪等人的水墨画。虽不知伏见院挂着的宸笔一卷是什么由来，但后来的侘茶会对墨迹的尊重，或许就起始于此。其后，在以利休《南坊录》为首的茶事言说中，对四叠半茶室中的装饰也是众说纷纭，这也是茶道中最具艺

---

1. 桂女：住在京都郊外的桂地的女子。
2. 延年：延年舞，日本寺院演剧之一。盛行于平安时代至室町时代。在兴福寺、东大寺等大寺院法会结束后，由僧侣、儿童演的歌舞。

术性的部分，而初期茶会与"风流"的连接点，也正在此处。

　　茶道从绍鸥发展到草庵的佗茶，初期豪华的茶会慢慢趋于从属地位，与此相应的，茶中"风流"，也开始否定表面上的华丽，而向着佗·寂之美靠近，但这些在文献上却鲜有记载。在西堀一三氏《茶道全集》卷一（茶说茶史篇）的《佗的诞生》一文中，引用了这样一则记事：有一名叫麻的男子，领地被没收，却仍安于清贫，素有风流的美名。记事对其"佗人"的姿态的描述，要更先于绍鸥所推崇的"佗"。

　　浦上来话之次，语予曰，细川殿被官名字曰麻也。讃岐人也，在京尤为贫之。粗茶淡饭以度朝夕，仍同朋见之笑之，仍咏歌一首曰：

　　佗人过日子，吃的虽然是杉菜，倒也满自在。[1]

　　岩渊院殿闻此歌感之，返其旧领，尤一时风流事也。是可为真俗龟鉴也。（《阴凉轩日录》文正元年闰二月七日）

　　歌中的"杉菜"（读作 sugina）与"好名"（读作 sukina）、"过度"（過ぎ，读作 sugi）读音双关，也由此可以看出"风流"与"数奇"（读作 suki）的关联。文正元年就在应仁元年的前一年，

1. 此和歌译文引自王向远《中日"美辞"关联考论——比较语义学试岸》，光明日报出版社，2019 年 9 月，第 246 页。

正是应仁之乱发生之前，距前面所说《看闻御记》记载的茶会也有五十年之久了。可以说，应永是世阿·正彻的时代，文正是禅竹·心敬的时代，而在应仁之乱以后，"侘"的风潮就愈加盛行了起来。

但是，这位名唤麻的男子，他的"风流"似乎是消极的谛观的风流，好像总能在哪里看出些自弃的影子。堀口舍己氏就认为，利休的"侘"与之便迥然不同，毋宁说是与之相对跖的。利休的茶不是消极的隐逸，而是带着一种饱含气魄的积极，他"并不是要在无抵抗的消极中甘于靠杉菜度日的生活"。(《思想》二三五号《利休的茶》四八六页)当然，麻的"侘"与已然完备的茶道的"侘"·"数奇"相比，只不过是如同胚胎的存在，并不能在其中见出对审美价值的积极建设。

纵观茶道的相关古文献，如《喫茶养生记》《喫茶往来》等中并无"风流"一语。《酒茶论》中倒有如下记载："若论茶具，金银珠玉，铜铁土石。作茶具，则其价不知几千万。好事者秘则为无上宝，若得一时者，表声名天下。汝酒具何直半文钱，忘忧君曰，吁汝陋如何，风流蕴藉，不可论价。夫杯有金杯，有银杯，有药玉船，岂非重器哉。"但这是好酒者对以金钱衡量茶之风流的嘲讽之语，毋宁说这是表明了"奢华"才是此时茶事的中心，而非对"侘"之风流的确认。

因而，茶事中的"侘"之风流，在绍鸥之前可以说是未有言及的，即便是到了绍鸥之后，实则也是少见的。

绍鸥的侘茶精神，在记录利休宗易之言的《南坊录》中也有提及，这已是众所周知的事情，我在《侘与寂》（收录于《美的传统》）一文中也有所引用。但《南坊录》并未用"风流"一语形容侘茶。《南坊录》中的"风流"，都是像前文例举的那样，并无特别重要的含义，但这也值得我们加以注意。譬如，其中将利休等茶人与数奇人、歌人一道视作"风流人"，将特立独行视作"风流"，而在庭前木荫燃起驱蚊火的趣致，也被视作"风流"，这些也都随即被移入了茶道之中。

于中央置台案座席，则是出自志野流香道，宗信门徒省巴可谓一开茶道新风之风流人，自此始于中央置台案也。（《南坊录》）

在这一段《南坊录》的"风流"用例中，对台案橱架搁置规矩的描述，或许就起始于《看闻御记》所载的茶会上室内装饰中呈现出的侘茶风，继而发展到四叠半草庵中的物事摆放。应该说这样的摆放仪礼，并不纯粹是出于美的动机，也是为了做茶方便，包含着不少实用的动机，但不可否认的是，其中也是有美的动因存在的。就如木荫下的驱蚊火是一种审美趣味，和歌、连歌、俳谐亦是如此，这是从平安末期汉诗坛流行的清游于自然的"风流"传统中沿袭下来的。木荫下的驱蚊火并不是豪华奢侈的趣味，毋宁说是无异于安于清贫的兴味，因而在这一点来说，这与那位名叫麻的男子的

"侘"是相通的，若要进一步追源溯流的话，其与《日本灵异记》中风流的女子也颇有共通之处。池田源太氏在《风流的古义》中便着意论证过茶道之"侘"与风流的女人的关联性，我也想要在其间找寻风流的精神性流脉。无论如何，从《灵异记》中女人身上那种自觉而生的趣味，我们或可看出艺术的积极性发展。木荫下驱蚊火的风流，可以说是由审美趣味而生的一种趣向，它与平安末期以来过度的装饰和初期茶会上人工感的摆设不同，其中蕴含着自然本身的美与生命。关于木荫下的驱蚊火，西堀一三氏在《南坊录的研究》（二〇七、二〇八页）认为，那不仅仅是轻烟缭绕庭前绿叶的曼妙，更是火光跳动中让人联想到的野火的意趣，是望着摄人的火焰之时内心却逐渐趋于宁静的风流。这样的新解，确实值得深思。

应仁之乱以后，这样的"侘"的风流也带上了乱世之象。另一方面，伴随着禅宗的普及，其精神也在"风流"的世界中得以浸润。禅的精神尽管也认为在普通生活中对物质荣华的追求是有价值的，但它完全否定这种价值，并试图建立起无一物的世界。《南坊录》对侘茶精神的言说，就是"于无一物中得自在"。又有以繁花红叶之美比拟"书院亭台的结构"，定家有歌曰："繁花映红叶，草屋亦灼灼，无一物中得境界。"想来，也只有喜爱"草屋侘居"，可赏繁花红叶的风流之心，方可达到这样的境界吧。而这样的风流，也正合了禅宗的精神。《碧严录》第六十七则《颂》的夹注中，有"若不入草怎见端的，不风流处也风流"之语，这种种于否定风流中见出风流的境界，不正是消解了豪奢的物质、感性之风流而转向精神、理念之风流的"佗·寂"吗？（"不风流处也风流"常被禅僧悬挂于室，也广为禅林所知，《大言海》引用宋无《吟呓集》中用例如下："沈枢谪筠州，携二鬟去，数年归嫁，皆处子，潘方寿以诗曰：铁石心肠延寿乐，不风流处却风流。"）其与《碧严录》孰为原典，如今已不可考。

如前所说，中世实则是充斥着豪奢之风的时代，于是自然出现了"奢华"的风流之态，也走向了平安贵族过度风流的极端，这可以说是意味着美的风流的颓废，但也成为近世庶民的物质之风流的出发点。这是因为近世町人作为古代贵族的再生，有着其遗产继承者的特殊意味，而且又与中世武士下克上的放恣结合，成为社会风尚。近世町人也继承了茶道的风流，在其经济的王国里展开了新的所谓"佗"的享乐，但同时又必然地带有将佗茶转为豪奢飨宴的意欲。他们为了入手蕴含着"佗"味的东西而一掷千金，他们购入的那些佗茶的茶器，甚至比之书院的茶器更为考究，于是也出现了一些反对"佗"之风流的人。

"佗"

"佗"之一字，是茶道中的关键，甚至是茶道之持戒。然而世间俗辈却假"佗"之名而堕"佗"之意。故有号称"佗"的一茶斋，耗金万两而空有其形。摆设珍奇磁器于田间以向宾客夸耀，而称之为"佗风流"，其何"佗"之有？夫"佗"，乃物有所不足，却随遇而安。（中略）所谓"侘"，是于不自由中而不生不自由之思；是于不足中而不起不足之念；是于不顺中而不抱不顺之怨。此方为"侘"之心。（《茶禅同一味》《茶道全集》卷一所收）

数奇

世间茶人，用"好"[1]字，或者"好み"[2]（このみ）字，表示对茶器之喜好玩赏。然原本此字易产生"物好"之意[3]，嫌之，故改写为"数奇"二字，《南坊录·露地大概》有"凡数奇器具"云，考其本意，"数奇"与"喜好"之"好"读音虽相同，而意义迥异也。"数奇"者，《史记·李广传》"李广考数奇"，注云："服虔曰：作事，数不偶。"又《汉书·李广传》亦有同样文字。师古注："命双，不偶合也"云云。凡"数奇"之零余谓之"奇"。又特指事物不齐备之体，此正是茶道之本质也。为人处事，于世上不偶、不落俗套，不喜完备，以不如意为乐，是一"奇"之"屋人"[4]，称为"数奇者"。

居家者，无论松之柱、竹之楹，曲直方圆一任自然，上下左右，新旧轻重，长短宽窄，或补残缺，或缮破败，皆与人不

---

1. 好：爱好之"好"，日语音读为"こう"（kou）。
2. 好み：日语读作"このみ"（konomi）。
3. 物好：日语读作"ものすき"（monosuki），喜爱器物，玩物。
4. 屋人：侘茶之术语，指身居陋屋之人，数奇者。

偶。以某种独有之器物作"数奇"之物，相互配合作用，以其奇，不求偶，难能可贵。又，奇偶一同，奇而又偶，偶而又奇，以至循环无端，不费笔舌。

"好"字，若用来表示玩物风流，或表示好事之心，则与茶道之露地草庵，相去甚远。世间之"好"，皆"好物"而已。以爱好器物、玩赏茶具为茶道，悲夫、哀哉！致使"数奇"二字，埋没于世尘百年有余。爱好器物、玩赏茶具，非茶道之本意也。

"数奇"二字，应守"百不如意"之意。若执拗于"好"字，以茶室为主，庭院布置、器物形制，无一不以"好"字衡量，特如茶道传承之家，祖传至今已历数代，所传无一不是所"好"之物，然则往往以一二分寸相争，以我家长短宽窄而定形制，以我家之"好"相标榜，此为宗旦所好，此为利休所好，如此之类，于是奇货可居，就就于各家器物制作之数，且并非日常之用具也，不可置换。更有好事者，修葺无用之雪隐[1]，做铺沙之板，计较一二尺寸，凡此种种，皆为风流奢侈之风，毕竟发自一个"好"字。[2]（同）

以上论说将"侘""数奇"与"风流""好"进行了剥离，其在

1. 雪隐：日本式厕所。
2. 此"数奇"段译文引自王向远译《日本茶味》，复旦大学出版社，2018 年 8 月，46—47 页。

意图上毋庸置疑是正确的。但是，"数奇"（すき，读作 suki）一词原本来源于"好"（好き，读作 suki），"侘"也本就是"风流"的一种形态，这是不可否认的，然而作为对历史事实的描述，我们并不能赞成这样的说法。毋宁说只有摆脱了豪奢的风流，于不风流处体会风流，才能得"侘"之妙味。而"好"，也是从耽溺于对色相的、感官的喜好中超脱，去拥抱无一物之境中生出的感动，才是真正的"数奇"。

因而，"侘茶"中"风流"的含义，我认为这样的说法是比较恰切的：

自然流露的风流，才是真正的风流，勉力为之的风雅之心，就如同山间浅井一般浅薄。（《松月斋茶会》[1] 田安中纳言匡斋壁书《茶道全集》卷一所收）

这是《甲子夜话》所引《松月斋茶令》中的五个条目之一，如其中起始所说："茶道以质素为主，以风雅为客，若无真心，纵然极尽风雅，亦无增益。"又有云："善于体察万物之人自然流露的风流为最佳，刻意学习所得终究难免拙劣。"可以看出其对不加修饰的自然之美的推崇。

柳里恭的《云萍杂志》等也是如此，都主张茶道的"侘"之风

1. 《松月斋茶会》：应为《松月斋茶令》。此处疑为作者笔误或原著印刷错误。

62

流要避免陷入丧失了天然意趣的骄奢虚饰。柳里恭便是世所共知的风流之人，所谓"天资风流温雅，而犹且胸中之洒落，世以所知"（木村巽斋《雪萍杂志序》），是"学才风流之名士"（平秩东作《辛野茗谈》）。他精通"堪为人师的十六艺"（伴蒿蹊《近世畸人传》），于茶道上也颇有见地。现将《雪萍杂志》的记事引述二三：其一，是一则关于生驹山边秋条村一位名叫与平的男子的故事。与平是位木器匠人，在他居于京都时，多与茶人宗匠相交，对茶道也颇有心得。然而不幸的命运接踵而至，他日渐年老，一只眼睛失明，只得住进远离秋条村的如意轮观音堂，做了守堂人，聊以制作墓牌为生。柳里恭偶然途经此处，与平请他饮茶。与平缓慢地燃烧木屑，待旧罐子中的水煮沸，仔细清洗茶碗的茶垢，做好从大阪得来的茶请柳里恭饮用。对饮之间，与平提及东山某庵的茶席设造，宗匠会专门取用有七个松节的松木作地板，他对此颇感奇异。因为与平所秉持的是尊崇自然的思想。作为"道"的风流，必须摒弃特别的癖好与功利的欲念，只有这样，极致的自然素朴的"侘"之风流才可成立。

而在《雪萍杂志》关于茶室器物的记事中，里恭认为，在茶室摆上那些高价求购的无益器具，实在与古董铺子没什么两样，只会让人觉得烦杂。他还引用了利休之语："对贵价器物的喜爱，不过是心染利欲的缘故。茶道的本意，应当是在缺损研钵中亦能体悟圆融的境界。"

但同时，里恭认为，若是有价值的器物，以高价购置就是理所当然的事情，并没有什么不妥。紧接着，他说，对于以一枚金的高价与商人竞购古唐津净水罐的人来说，若能让他觉得心满意足，就是值得的。高价购置昂贵的物品，低价购买低廉的货物，本就是理所应当的，若想着以低价购入昂贵的东西，反而不能让高洁之人内心愉悦。里恭认为，茶人的评判，才该是器物的定价标准。茶人有感于里恭的想法，说道："多么有趣啊，这才是风流之道。"于是按照其所说的价格购买了茶器。

然而，若是执着于某一价格的东西，就又与风流背道而驰了。《雪萍杂志》中写到了与利休论茶道的山科隐士别贯的故事。别贯是真隐士，他并不赞同利休谄媚于世人、邀宠于权贵的姿态，认为利休知人之盛而不知其衰，在四十岁时便已是志气萎顿的自弃之态了。他说，"短暂的生涯何须为名利所苦"，若于生命将尽之时将自己一生所写都付之一炬，"风雅也将随身死烟消云散"。里恭对此虽未置一词，然而像秋条与平那样的风流道人对此仍是颇为关注的。

此外，江户时代的文献中关于茶道中"风流""风雅""雅"等的用例，也是数量颇丰的。为免烦冗，此处便不一一例举了，我将在随后介绍近世小说随笔中出现的"风流"的思想时，列举两三著名用例，以求能略有阐明。在《茶话指月集》（上）中，"有一次，蒲生飞弹殿与长冈幽斋翁二人，于利休处饮过茶汤，蒲生殿希望得到那个千鸟香炉，利休兴致缺缺地取出香炉，倒出灰烬，直待幽斋吟咏清见泻之歌一首，利休心情方才转圜。"由此可见，风流也是要避忌贪婪与过度的。《鉴尾》（九十八）中，茶人寻尽唐土器物，仅在画轴上某卿所书"仰首望长空"的和歌中，窥见仲麿在唐土吟诵此歌时的内心。可见，茶道若无诗歌的文雅之心，就会堕入卑俗。《笔墨遣怀》（上）中提到，茶道中虽然名家众多，但可称宗匠的仅三十人，而知"诗歌之风流"的，不过五人。另有《老之波》主张，胶柱鼓瑟、拘泥陈规只会使得风流尽失，而浅薄的构思立意更须避免，只有如数家珍般临机应变，才值得尊崇。而在那些可称作利休知己的侘人们中间，也流传着类似于此的逸闻。

以上所说，主要是针对抹茶而言，实际上煎茶素来也是崇尚风流的，这也是文人高雅趣味的流露。此处可引二三用例为证。《清风琐言》（下）的《辨水》条对烹茶用水有详细述说："煮泉小品有言，移水取石子置瓶中，既可以养其味，又可以澄水。……黄山谷之诗又云，所谓锡谷寒泉椭石是也（椭为长狭形），又择水中洁净白石，带泉煮之尤妙也。青湾茶话亦有云，此石可见于河内枚方驿的上坂川与云河原，山僧云游途中，宿于近江石部，投佳茗少许，取小石一枚共煮，于茶之产地，取小石煎茶，实在风流有趣。"这一用例说的就是煮石煎茶的风流。

煎茶崇尚文人趣味，推好"清"，其中也包蕴着自由超脱的精神。《煎茶绮言》（二）中有言："主客共饮，衣服亦为礼，须使目不落于裆裤。唯此道之风流，堪称自在。"《木石居煎茶诀》（下）中《品茶诀》条云："品茶为近来清戏，其中规则也多随歌舞伎、香道而定，抹茶原本并没有特定的规则，这反而便于人们各随其好地烹点置顿，更易得风流便利之趣。"煎茶的风流与随后要说的南画家的风流一样，都是中国文人趣味世界中重要的部分，而且又分别与抹茶的"侘"各有相通之处。

对于茶之道，与其普遍化地赞其为"风流"，不如以"数奇"概括更为恰切。平安时代的"雅"在进入中世后演化为特殊的"数奇"，而中世之后悉数表现为"数奇"的"雅"，也是"风流"的一个方面。"风流"有"奢华"的风流，亦有"数奇"的风流。因而，进入中世，"风流"亦呈现出了三足鼎立之势，其中包括继承了平安贵族之"雅"的公卿的风流、武士庶民间新兴的"奢华"的风流以及僧侣隐者的"数奇"的风流。

"数奇"原本是存在于平安贵族之间的。所谓"数奇"，原不外是指"喜好""钟爱"之意，是对某一物事的喜爱、趣味、嗜好。在平安时代，"数奇"的核心含义无疑是指好色，即对女色的偏好，但是对于自然的爱也是"数奇"的一种。对此，《大言海》释义为："寄情于文雅、风流之意。喜爱。嗜好。对奇特事物的偏好。"其所引用例如下："遥对十三夜的朗朗月华，吟诵着'最怜花月夜'的古歌，源氏公子觉得他实乃风流之人。"（《源氏》明石卷）再如："梅花开后梅子结，人说梅子酸又涩，就像我好色。"[1]（《古今》俳谐歌），可见，"数奇"一词，既有"文雅、风流"的意趣，也包含着对自然之美的兴叹。但在平安时代，"数奇"就已具有了

---

1. 此歌以"み"双关"实"和"身"，将梅花结实和己身相关联，又以"すきもの"双关"酸っぱいもの"和"好きもの"，即将梅子酸涩与自己好色相关联，显得谐谑滑稽。

更广一层的含义也是事实，只是逐渐发生了特殊化的演变。对此，《大言海》所引冈本保孝的《难波江》（五·上）可为明证，其中也论辨了"好""数奇""数寄"的用字变化，现将此长文引用如下：

孝云，自《下学集》而至庆长十六年《节用集》，出现了"奇僻"之"奇"的用例，自正保三年《节用集》至今，有"寄附"之"寄"的用法。但无论如何，"好"（すき）一词，并不仅仅是用来表记"数奇"的字音。《史记·李广传》中就有"数奇"一词，但其并非此处所说"数奇"的来源，其只是作为"好"的字形表记，而并未采用其字义。所谓"好"，是指执着于某事，偏好于某物。而这样的执着偏好，并不单指好色一事，亦可指对和歌、绘画甚或佛事的执着，当然也可推及茶道。在物语文学中，该词多用于指称好色之事。

由《大言海》《难波江》可知，平安时代的"好"并不仅限于好色之意。就像《源氏物语》明石卷中，以"好"表示明石入道对音乐的痴迷。而且，在入道对着十三夜的朗朗月华吟咏古歌时，光源氏即称其为"好士"（"风流"之人）。入道在赠予光源氏的书信中以和歌寄情，书信以古雅的字体写于陆奥纸上，她自觉极"好"，光源氏见之，亦觉异常"好"。由此可知，在平安时代，"好"即可用以指称对风流文雅之趣的醉心了。

在《大言海》中，最初用"数奇"二字表记"好"一词时，恐有与表示坎坷的"数奇"一词混同之嫌，其后的使用中"奇"又演变为"寄"，该词的用字变化大致如此。在茶道中，对"すき"尤为重视，提起该词，几乎便能想到茶，也有人将"数奇"这一汉字词附会上了"茶禅同一味"的特殊含义，但原本是并无此意的。然而，由"好"而至"数奇"，其原本的含义也或多或少发生了改变，这亦是事实。

那么，在平安时代至中世逐渐成熟，到江户时代成为传统的"好"，到底是指什么呢？对此，白石大二氏颇有研究。《兼好法师论》的《"数奇者"传统》中列举了不少相关用例，《文学》第十一卷第一号（昭和十八年一月）上登载的《道之好士》一文中对"好士"一词展开过精细的调查论述。首先，"好士"一语，可见于《江谈抄》《十训抄》《古今著闻集》《文机谈》《明月记》《每月抄》《长明无名抄》《发心集》《吾妻镜》《野守镜》《愚秘抄》《连歌论书》《老翁絮语》《吾妻问答》《庭训往来》《袋草纸》《真俗交谈记》《西行上人谈抄》《戴恩记》等书，特别是心敬的《连歌论书》《老翁絮语》中使用尤为频繁。所谓"好士"，即为"风流之士""数奇者"，"好士"的特征，是拥有"数奇"之心，亦可见如下用法："好事人人""好者"（《江谈抄》），"好文之人""乐道之士"（《今昔物语集》），"数奇者"（《教训抄》）等，其与"好士"应为同义。"好士"一词，在汉诗、和歌、连歌、管弦、茶道等诸多领域都有使用，可见其可泛指对诸艺能领域的热衷喜好之人。但是，"数奇者"却不单单代表对某一艺能的执着，其中更包含着如同风流之人那样对特殊精神、态度、生活的秉持。白石氏在研究诸多典籍用例之后，将"好士"的特征归结如下：

一、 任情由性之人。

二、 热衷某道之人。

三、 尊敬此道前辈之人。

四、 不以贵贱论道之人。

五、 拥大爱而可将对自然之爱广延之人。

六、 内心风雅优美之人。

七、 重道之愿可结成道心之人。

八、 热爱而时可至怪奇愚痴行状之人。

所谓"数奇者""好士"，大体便是如上所说之人。"好士"，其精神属性不外为"好"，"好"存在于诸道之中，中世对其尤为看重。白石氏从《十训抄》《发心集》《古今著闻录》《西行上人谈抄》《袋草纸》《宇治拾遗物语》《今昔物语集》等典籍中例举了譬如"好""数奇""好色""雅好风流""可好也"等用例，可见其已从管弦、和歌、连歌、围棋等艺能之中，从"花前月下之风流"，延及了广博的自然之爱。长明的《发心集》将"数奇"解释为隐逸闲居而不染世间污浊、不愁己身盛衰，寄情花月而远离名利生灭俗境，其中蕴含着佛教的出离与解脱。而到了中世，"数奇"中的宗教色彩便更加浓厚了。"数奇"中原本包含着"执心"，即对某一道的执着之心，这样的执着看似与佛教并不相容。但是，在远离俗世名利方面二者仍是相合的。而且，"数奇"的终极实际上是执迷于

"道"而又超脱于"道"，其最终是要上升到"无"的境界，在这一更高的层级，可以说它是与佛教道心相契合的。在平安末中世初，有"歌为数奇之源"（《西行上人谈抄》）的说法，尽管如此，除作为主要表现的和歌之外，管弦之道、汉诗之中也多见"数奇"之妙。莲田善明氏在其著书《鸭长明》中专设"数奇"一章，论述了长明的"数奇"，相传长明等人便是执迷于和歌、音乐之道的。到了中世中叶，如白石氏在《兼好法师论》中所说，兼好亦是"数奇者"的典型代表。纵是在连歌中，"数奇"也是极为重要的一个概念，心敬堪为其中代表。随后，"数奇"传入珠光、绍鸥、利休等人提倡的侘茶，进入江户时代，"数奇"更是一举占据了茶道的中心地位，以至人们提及"数奇者"，便多会想到茶人。

本书主题为"风流"的思想，故须避免对"数奇"展开过多论述，然而，若想要详尽地考查"风流"的内涵与外延，"数奇"实际上也是一个重要的研究课题。但这样一来，对"雅""风雅""物哀""侘""寂""枝折"等概念似乎就皆须加以精细论述了，这无疑会有逸出"风流"这一主题之嫌，因而此处只略述了与"风流"相关涉的"数奇"。而"数奇"所蕴含的唯美的精神与艺术的意欲，那些在特殊的中世日本文化土壤中生出的特质，实则并非与"风流"的思想全无关系，也有必要对其加以研究，就只能留待以后了。而且私以为关于茶道中的"侘数奇"，堀口舍己氏的《利休的茶》（《思想》昭和十六年八、九、十二月号）等文已有了精彩的论说。

五

花道的风流

在古文献中，并无以"风流"一语形容花道的用例。不论是收于《群书类从》的《仙传书》（池坊专荣）、《君台观左右帐记》（能阿弥等），还是《续群书类从》中的《池坊专应口传》《百瓶花序》（池坊专好），都是如此。但是，在《古事类苑》游戏部十三"插花"一项中，时见"风流""风雅"等词。因此书属于近世花道著作，此处原不应引用，只是为方便与其他诸艺道归拢，便附于此章之中，并由此一窥花道之风流。

总体来说，"风流"一语，可用于主体的人，亦可用于客体的物，但前者的用例却极少。如洛阳人富春轩仙溪所著的《立花时势妆》（贞亨五年刊）中，列举了"立花十德"："一卑交高位，一花无他念，一众人爱敬，一不语成友，一知草木名，一席上常香，一朝暮风流，一诸恶离别，一精魂养性，一不事有佛缘。"又于跋中曰："夫花者，非悦目之事也，又岂莫养气之谓乎。就中为瓶花之风雅，游赏胡如之。"此或可为一例。此外，《古流活花口传集》之《甲阳百瓶序》（安永三年五月，松鸣庵露牛识）中有言："曳名一露号是心轩，洛阳人，凤尚风流以储花之道为乐。"另有一书名《（花道评判）当世垣觇》，其中写道："夫插花，自东山殿风流之始，后随着唐代赏玩雅事传入日本，进一步为种种雅趣注入更深的意趣，特别表现在茶道与花道之中。"此"风流""风雅"之语，大致是用以形容雅好插花之人，也有将插花所体现的生活态度视为风流的情况。而确立"立花十德"之"朝暮风流"的《立花时势妆》，便是在《奥之细道》问世的前一年出现的。

而对于以物为对象的风流，则有如下用例：

> 行之沙式 行之沙式插花，须使花形风流，苔藓鲜活，株型组合具有韵律跃动之美，意气之态。……（《花道全书》一）

> 草之沙式 草之沙式插花，（中略）须以韵律为要，并须保有艳色与风流，花形总体当偏于一侧，忌将花枝紧塞瓶中，是以风流为本，以势为专也。（《花道全书》五）

以上用例皆是就花形之风流而言的，那么怎样的姿态方可称之为风流呢？风流的姿态，并不是拘囿于某种规定的形态，而是尊重自由的"势"与"意气"、"韵律"与"艳色"，也就是说，其关注点在于花形的明艳华丽之处。在《花道全书》中，论述了"花道之真行草三格调"："插花之真，是为坚守法式也；沙式插花为行，法式较轻；抛入式插花为草，其本意则产生于即席的风情立意。"可见，比之"真"，"风流"更多式存在于"行"或"草"中。故而，所谓风流，当有自由与变化之妙，当有足可吸引人心的趣味。

> 若能按照自己的意愿使花展露出物数奇的风流形态，那么无论怎样的花，一经那人之手，便会呈现出完美的花形。（《茶道全集》义，悬花之事）

这样的插花实际上是非同寻常的，其具有物数奇的风流意味。这样的花之风流，大多伴随着特别的趣致与意趣。而下面这一用例，则是单纯地将"风流"用于表达一般的趣致与趣味：

> 水仙的插花则以叶为重，须以铁丝贯入其中，但其外观不可见铁丝，由此则高下立分，且每一叶片皆应展现出不同的风流。（《槐记》）
>
> 其外，并无某花须从某式的定规，唯有爱其各个时期的形态，方为风流玩家。（《续视听草》八集八，茶七事附花寄之式）

以上用例中所谓的"风流"，并非一味地追新求奇，但是既能称得上"风流"，则必然不是寻常平凡之物，而是必然有着足以魅惑人心的多变之处。此外，在花器的使用上，也颇能展现风流的趣致。

丸山权太左卫门是享保末出于仙台的相扑力士。（中略）相扑今昔物语云，大阪天满川崎吉田氏的先祖招丸山以试其力，丸山轻松折断了可作花筒的大竹，吉田大惊，故云，确有罕见大力也，此竹当为我家之珍器。于是将折断的竹筒竖立，插花其中，可谓极尽风流，并刻上丸山筒的字样，一直流传至今。（《近世奇迹考》一）

井车以其古旧，反可作花瓶的置台。此井车发现于某官邸的天井之上，于尘土下找出，因见其形态有趣，于是将其半面涂漆，遂成一风流物。（《鹑衣》续编上《花瓶台记》）

当世插花会，每逢参会，端详之下，皆瞠目于各式风流花器之尽美。（《（花道评判）当时垣觇》）

如此看来，花道"风流"实则可追溯到自平安末至中世期间出现的"过差风流"之器具的系统，比如在"栉风流"与"伞风流"中，实际也会用到花这样的自然物。若循此例，则亦可称之为"风流花"或"花风流"。故而，我认为插花的风流，便是对风流的自然化，或者反过来亦可成立，即对自然的风流化。也就是说，其是日本人的审美意欲与自然之爱结合之下所产生的一个显著现象。

而至明治以后，出现了像西川一草亭这样投身于风流生活之人，其主要观点便是顺从自然、遵循着自然的生态插花。对此，在

"明治以后的风流论"章中或许会有提及。在明治以前的花道著作中，则对细节的方式与繁复的技巧论说较多，而将花道的精神作为风流问题的论说，则几乎难得一见。

六

香道的风流

在《源氏物语》梅枝卷中，便已有关于香会的记事。下面将列出香道中对"风流"一语的用例：

六番香会，诸判官多番评议，判词后日准后[1]书之。

二番。

左

雪袖。

右

瓦屋。

左之香，闻之有梅花清香，尾调香气转淡。右之香，香气穿透力极强，至尾调而不散。然左香却颇得风流之味。（《五月雨日记》）

三番。

左

烧盐衣。

右

无忌。

右之香，名曰无忌，因在暗中或肆无忌惮地烧盐，以致烟气呛人，故此得名。闻得此香，即可使人联想到烧盐之事。也有人评价其为风流有趣。正如寻常香名都会给人以正如我所料之感，此香名亦是如此。其在香会之中会略显消极。在故法皇的香会中，曾出现过"波出浦"的香名，这一香名应当是取自和歌："波出浦上波涛涛，烧盐烟笼罩，烟气何袅袅。"此香当时被评怪奇。亦因与烧盐相关而在香会中惜败。若从此例，三番香会则应当是右香无忌败。事实上，若以香名而论，右香当败，但若以香气而论，则当是右香胜出。如此看来，两香亦可比肩。

此次香会为"文明十一年五月十二日于东山殿执行之"，据此可知当时香道的状况。二番的判词以"风流"形容香气，特指梅花香，是一种清幽的香味，即漫溢着优雅氛围感的香气。三番的判词中，香名尽显风流意味，带着一种和歌词句般的优美感。尤其是将"无忌"与"烧盐衣"加以比较时，有趣与滑稽之感便会油然而生。其或许是想要表达一种怪奇且珍稀的意趣，因而在香名方面事

1. 准后：平安以降，享受准三宫（太皇太后、皇太后、皇后）待遇，并得到年官、年爵之人。后成为荣誉代号。此处指足利义政。

实上是有所不及的，这大约也是赏赞此香"风流有趣"之人认为其作为香会的香名稍显消极，故而未用的原因。如此看来，香会中的胜负，似是由香气与香名共同决定的，香会中，需要有与"正如我所料"不同的东西。

在"文龟二林钟下旬 石隆判"的"名香会"跋开头有言："文龟初年五月九日，风流之士群集。夏日暑热难耐，故设香会聊作慰藉。香会设于宗信宅中。"并对香会的开端有如下记述："此处比之中比，自是不及，仅为骚人之好余末。既为香会，当然也能勉强分出优劣之别，亦不乏兴味。"其中便提到了作为"骚人之好"其一的香会风流。而作为参加此次名香会的人，其中还记载了以梦庵肖柏为首的十人的姓名。这大约就是公家与连歌师们所追慕的王朝风流了吧。

在《群书类丛》（第十二辑）中，除上述香会的判词之外，还可见一则名为《名香目录》的文献，其末尾"庆长辛丑 玩隐永雄"中便录有"风流隐者讳其丹，编此一篇修鼻观。季主宝薰何足羡，蔚宗香传再相看"一诗。自中世而至近世，香道一般来说也被视作风流之道，但比之平安时代作为贵族普遍教养一般的存在，此时的香道更呈现着一种特殊的隐逸风流。即使到了江户时代，香道中也并非没有作为公卿、武家教养的传统风雅的留存，但确也多少萦绕着几分隐逸的气息，而其中所展现的风流，也向着退婴的、消极的慰藉方向发展了。这并非"豪奢"的风流，而是古典的"雅"，是茶道中的"数奇"。

七

一休宗纯与五山禅林之"风流"

　　五山禅僧中以诗文闻名者甚多，而在围绕其展开的"风流"的世界，更将平安时代末期的汉诗文推向了一种宗教的高迈之境。他们的作品中频频出现"风流"一词，其中尤以一休宗纯的《狂云集》《续狂云集》所用最多。甚至可以说，通观古今，最喜用"风流"一词的代表人物恐怕也当属一休了。一休亦擅书画，现存有不少题有其自作的诗偈的绘画，世间亦流传着许多一休的逸闻，应该说他是举世皆知的风流人。一休除了作为宗教家之外，其声名更多是因为他在文化方面的诸多造诣，这也是其风流之名的缘由。

　　一休作品对"风流"一词的使用，实则与汉诗文的传统并无不同。如"儒雅风流""风流圣主"等对"风流"的使用先例，"五柳风流陶宅门""风流和靖旧精魂""风流太白醉杨妃""风流王母目前美"等句以"风流"品评中国人物，在汉诗人之间也已是共识。再如以"才调风流更绝伦""绝代风流诗思言"等诗句盛赞杜牧，亦是汉诗文中"风流"思想的流露，而并非一休的创意。又如"还感风流翰墨场""暗世今无翰墨风，风流情思又何空"等句以"风流"称许翰墨之道，也是古已有之。而如此极力推扬纯粹的中国之风流，也是像一休这样的禅林文人的一大特色，同时，其影响力也促进了后世对文人趣味的推崇。及至近世，由于儒家文化的勃兴，中国风的文人墨客趣味也逐渐高昂，但究其传统，远则可回溯到平安时代的宫臣，近则可追源到禅林的高僧，此种趣味在他们的作品中是时时可见的。因而并没有将此作为一休的特色加以详说的必要。

对于一休的"风流"，我最感兴趣之处有二：其一，意外地与近世好色本产生关联的艳冶浓情的世界；其二，超越情痴的官能世界而获得的禅的磊落心境。现以一休的作品为依据对其展开论述。一休使用"风流"一词的作品极多，特别是《续狂云集》，其用法也包含着种种微妙的含义，若能将所有用例全部罗列，自然能够确知其义，但我实难胜任，也略显烦冗，只能尽可能多地列举用例以求得窥其中意趣。

首先，一休的作品中，以"风流"指艳冶、优美、可怜、风雅等意的情况极多，特别是用以品评人物风姿之时：

赞灵昭女

笊篱卖却甚风流，一句明明百草头。相对无心弄禅话，朝云暮雨不胜愁。（《狂云集》）

闲工夫·辱荣炫徒

金襕长老一生望，集众参禅又上堂。楼子慈明何作略，风流可爱美人妆。（同）

偶作

临济门派谁正传，风流可爱少年前。浊醪一盏诗千首，自笑禅僧不识禅。（同）

童子南询图

知识华严五十三，美人胜热抱持谈。南方佛法非吾事，肠断风流童子参。（同）

王昭君

明妃出塞路迢迢，憔悴风流自细腰。马上琵琶恨难慰，强弹一曲渡空浇。（《续狂云集》）

爱僧髻年歌舞邻人树上惆怅寄书

风流年少百花春，一曲竹枝愁近□。哀泪一封寄书手，只攀高树不攀人。（同）

叹爱僧髻年首 二首

风流添得瘦如梅，白发残僧吟兴哀。桃李场中衰色晚，不胜飞燕避风台。

一代风流冠洛城，清高美誉少年名。惜哉玉貌无肤臀，减却愁人云雨情。（同）

献菊太子

天王王子少年儿，肠断风流珠玉姿。为献残花一枝菊，又题艳简寄新诗。（同）

赞御阿姑上郎瘦客

美妾风流瘦似梅，花颜丹脸一枝开。汉朝歌舞眼前境，肠

断楚腰飞燕来。（同）

黄陵庙

美名飞燕与杨妃，金屋妆成记小诗。不爱风流虞舜耳，湘公夜雨不相思。（同）

长门春

三千宫女断愁肠，失宠色衰桃李场。恼乱春风消永日，风流年少满头霜。（同）

像这样以"风流"吟咏美女、美少年风姿风情的诗文，颇有自《玉台新咏》《游仙窟》以来的中国趣味之妙。当然，其中也包含着一休诗文独具的时代氛围，即那些让人深感独属一休的东西。一休尤爱咏诵少年之美，这与汉诗对洛阳繁华子的赞美并不相同，他所咏诵的多是寺院的娈童，这又可与西鹤的《男色大鉴》相关联，应是日本独特的风流。而对于美女，一休也并不止于歌咏王昭君、杨贵妃、赵飞燕，对于身边那些足可以美惑人的女子，一休也多以"风流"形容其妖艳感，《赞御阿姑上郎瘦客》便是其中著名的一例。另有《寄御阿古开浴》一诗："裸体如何见众人，花颜翠黛洗红尘。老僧灌休浴开后，行幸温泉天宝春。"（《续狂云集》）便描写了女子的裸体之美。此外，其作品中还有不少如《御阿姑隔席》这样的艳诗。但在一休的作品中，最让人惊叹的，当属《狂云集》临近终末的数首描写对一位名为森的盲女沉迷之情的连作。此作题记曰："盲女森侍者，情爱甚厚，将绝食殒命，愁苦之余，作偈言之。"继而以"百丈锄头信施消，饭残阁老不曾饶。盲女艳歌笑楼子，黄泉泪雨滴萧萧"开篇，以《森女乘舆》"鸾舆盲女屡春游，懋懋胸襟好慰愁。遮莫众生之轻贱，爱看森也美风流"（《狂云集》）对森女的风流极尽赞叹。接下来的诗作便显得极为大胆："梦迷上苑美人森，枕上梅花花信心。满口清香清浅水，黄昏月色奈新吟。""楚台应望更应攀，半夜玉床愁梦间。花绽一茎梅树下，凌波仙子绕腰间。"其与西鹤好色本中的大胆表达相类。接下来是一首题为"唤我手作森手"的诗作，其中也有"自信公风流主"的句子，但因顾虑到该诗过于露骨，故未将全诗抄录于此。其后诗作如下：

> 九月朔，森侍者借纸衣于村僧御寒，潇洒可爱，作偈言之。
> 良宵风月乱心头，何奈相思身上秋。秋雾朝云独潇洒，野
> 僧纸袖也风流。（《狂云集》）

这是一首抒写清朗洒然情境的诗作，"风流"一语也被用以歌咏纸衣之"侘"，但读之仍能感受到流淌在诗作根底的缠绵情爱。

看森美人午睡

> 一代风流之美人，艳歌清宴曲尤新。新吟断肠花颜靥，天
> 宝海棠森树春。（《狂云集》）

这首诗作则表达出了对美人风流的倾倒之情。《狂云集》卷末三

首，是对与森之间交情由来的交代，读来颇有诗人化身情痴之感，如"犹爱玉阶新月姿""被底鸳鸯私语新""森也深恩若忘却，无量亿劫畜生身"等等。

可见，在这些吟咏美少年与美少女的诗作中，"风流"一语，可指其面容姿态的艳冶，亦可指其才艺心境的雅致，甚至也可指与此等可爱之人的艳情。也就是说，"风流"可用于表达情事与好色之道中的种种趣致。譬如"蜜启自惭私语盟，风流吟罢约三生。生身堕在畜生道，超越沩山戴角情"（《狂云集》）一首便属此类。"风流"的这一用法极为多见，常与"云雨"共用，使人联想到巫山神女的故事：

大灯忌，宿忌以前对美人。

宿忌之开山讽经，经咒逆耳众僧声。云雨风流事终后，梦闺私语笑慈明。（《狂云集》）

罗汉游淫坊图

出尘罗汉远佛地，一入淫坊发大智。深笑文殊唱楞严，失却少年风流事。（同）

不邪淫戒

淫坊年少也风流，喋吻抱持狂客愁。妄斗樗蒲李群玉，名高虞舜辟阳侯。（同）

圆悟大病

巫山夜夜梦难惊，艳简题诗对铁錔。只为檀郎呼小玉，风流可爱美人情。（同）

寄近侍美妾

淫乱天然爱少年，风流清宴对花前。肥以玉环瘦飞燕，绝
交临济正传禅。（同）

制戒

贪着少年风流，风流是我好仇。悔错开为人口，今后誓缩
舌头。（同）

扶起东福寺荒废，盖因美少年之旧交，甲子十三。

看看慈杨禅正传，谁来纯老面门前。宗门润色风流道，旧
约难忘五十年。（同）

应仁改元秋，有二比丘，访余于薪之山居矣，
追怀圆悟禅师之旧因，作诗示之云。

圆悟云居约老娘，平生愧我笑鸳鸯。旧时话尽风流事，秋
点夜来犹不长。（《续狂云集》）

美人得宠

长唱雎鸠一体诗，频歌仙鹤万年基。吟怀昔日风流事，未
解白头颜色衰。（同）

其中，"圆悟云居约老娘"一首，可依其前所叙"圆悟大师住
云居，时有老娘，来自西蜀，寓于寺门外，悟以一偈与之曰：三十
年前共一头，一头夜夜讲风流。而今老矣全无用，君底宽兮我底
柔"解诗，可视作一休对圆悟大师磊落洒脱态度的效仿。此时，一
休已七十有四，其与盲女森侍者之间的情事也是在七十多岁时发生

的。（可参照古田绍钦氏《一休》六七、六八页）一休不惮于将高僧不当为的好色之事宣之于口，实则正是因为他拥有俯瞰好色世界的超越的一面。他无畏于暴露自己的"畜生身"，不惧于揭露人生的垢秽，也都是源于蕴潜于内的通透与超脱。一休无疑是《万叶集》《伊势物语》以来体悟到好色之"风流"的人，但同时，他也是以凡俗之身参悟禅的高迈意境，而后获得平静观照的人。一休号闺梦，读如下诗作即可解其缘由：

> 渴焉梦水，寒焉梦裘，梦闺房，乃余之性也。
> 近古世有三梦之称，所谓梦窗，梦嵩，无梦和尚也。
> 余顷以梦闺，扁吾斋焉。厥名虽践三梦之躅，而实不同三梦之事，
> 盖彼三师，隆德盛望，为人所推，余则老狂薄幸，
> 标吾所好而已，因题四篇，以为梦闺记云。

> 茆庐话到寿阳宫，蝴蝶优游兴不空。枕上梅花窗外月，吟魂夜夜约春风。

> 寒哦香句在三冬，醉后尊前杯酒重。枕上十年无夜雨，月沉长夜五更钟。

> 洞房深处几诗情，歌吹花前芳宴清。雪雨枕头江海意，鸳鸯水宿送残生。

> 亚山雨滴入新吟，淫色风流诗亦淫。江海乾坤杜陵泪，郿州今夜月沉沉。（《续狂云集》）

此处的一休，俨然一副淫心炽盛而梦闺房的形象，对于自己的淫

心风流，他直接凝视、大胆表露，并以数首淫诗将其悉数倾吐而出，这或许也是抵达更高一层的净心风流之境所要必经的求道过程吧。

对临济画像

临济宗门谁正传，三玄三要瞎驴边。梦闺老衲闺中月，夜夜风流烂醉前。（《狂云集》）

这首诗偈也是一休亲笔，其直接以梦闺的烂醉联系到临济正传，不可谓不勇。一休有时正如《恋法师一休自赞》中所写："生涯云雨不胜愁，乱散红紫缠脚头。自愧狂云妒佳月，十年白发一身秋。"是个艳情诗人的形象，但作为禅师的一休，也绝不仅仅是寻常的风流的恋法师。

相传一休有过许多特立独行的事迹，譬如《一休咄》中记述的一休与香客妻子之间的艳话，再如一休与蜷川新左卫门之妻辰女之间的情事等，都刻画出了一休作为"恋法师"的行状，但同时也呈现出了其投身于恋情而又超脱于恋情的风貌。而其与游女地狱的交游，恰如西行与江口妓女的艳事，都夸张地描绘出了"恋法师"的面影。但这些艳话的主旨，仍在于以禅的悟道去超越好色淫荡的世界。山东京传《本朝醉菩提》卷之四《地狱信解品第七》即对此进行了小说化的演绎。地狱起初抱着"管他活佛达摩，待妾略施个巧计，不也一样沉沦"的念头与一休相交，一番激烈的灵肉争斗之后，却从一休那里体悟到了"男女淫乐，终究不过一副臭骸骨"的真理，并落泪道："妾本愚昧，何能开悟，唯有以此身侍佛，或可得道。"一休最后说道："说着言不由衷的话与人调情，调弄胭脂水粉点饰妆容，这不过都是你原本的职业，又何须为以身侍佛而背弃职业呢。……汝等贩卖五尺之身以安众生烦恼，已然胜过贩卖佛法以惑众生的邪禅贼僧无数。法不拘职业形体，唯守自然之情，此外别无他途。"其后地狱便于迎客闲暇坐禅，遂到得"一尘不染万念忘尽，心清情安"的境界。一休的教言，足可使人真切地感受到，游女地狱所生活的世界实为真正的地狱，但禅法却能在那地狱中搭建起一片极乐，所谓色即是空的境界，就是游女地狱在那地狱一般的生活之中悟道。而"恋法师"一休也正如同在地狱中悟道一般于"恋"中成就了其"恋法师"之名。因此，一休的"风流"，可见于其淫心之中，更可见于其解脱之中。

以下数例所表达的便是宗教的风流：

如何是沩仰宗 演曰，断碑横古路。

惠寂释迦灵佑牛，披毛作佛也风流。古碑路断长溪客，万世姓名黄叶秋。（《狂云集》）

夺境不夺人

临济儿孙谁的传，宗风减却瞎驴边。芒鞋竹杖风流友，曲橡木床名利禅。（同，临济四料简）

> 大随庵边有一龟,僧问,一切众生皮裹骨,
> 这个众生,为甚骨裹皮,大随以草鞋盖于骨上。

众生颠倒几时休,打着前头又后头。信手救猫赵州老,草鞋戴去也风流。(《狂云集》)

虎丘雪下三等僧

少林积雪置心头,公案圆成上等仇。僧社吟诗剃头俗,饥肠说食也风流。(同)

> 善恶未尝混,世为善者皆朋舜,而恶者皆党桀也。
> 雉必为鹰所擎,鼠必为猫所咬,是天赋所前定也。
> 一切众生之归佛善而免生死之沦没者,
> 亦犹若兹,因作偈以示众云。

过现未谁人了达,恶人沉沦善者脱。风流可爱公案圆,德山棒兮临济喝。(同)

自赞

分明画出许浑圆,吟撼径山天泽须。嗜誉求名不爱利,风流寂寞一寒儒。(同)

这些诗偈中的"风流",将禅的洒落境界表现得淋漓尽致。其中,消减了肉欲的、官能的成分,浇灭了华艳的情火,凸显出了冷寂的禅骨之美,塑造了一个"枯木依寒岩,三冬无暖气"的世界。总的来说,一休对"风流"一词的使用,仍是多在好色艳情诗中,当然,在其"披毛作佛""芒鞋竹杖""草鞋戴去""饥肠说食""公案圆""寂寞一寒儒"这样的禅诗中,也可见"风流"一语。而沉潜于一休心内的风

流，实则是于不风流处体悟风流之境，是无一物的"侘"的风流。

此外，一休的诗作中，也常写在自然的清澹之气中洒然优游的风流，这是一种居于俗寰好色的风流与枯禅寂寞的风流之间的境界。但纵然是于自然中感受风流的诗作，纵然已为自然的雅致可爱风情所动，深感其清澹之妙，却也总有美人的面影浮动在那可爱可怜的草木花卉之间。

见桃花图

见处风流悟道心，桃花一朵价千金。瑶池王母春雨面，我约愁人云雨吟。（《狂云集》）

歇林绍休侍者，相攸构居，扁曰传正，因作偈以为证云。

宗门减却法筵开，狭路慈明颠倒来。墙外自然樵客迹，风流可爱断崖梅。（同）

海棠

上苑花同一朵新，不知诗客几吟神。千秋未觉杨妃睡，天宝风流残梦春。（《续狂云集》）

莺宿梅

寒梅枝上懒莺游，知是孤山和靖仇。人慕寻常桑下宿，约花春梦先风流。（同）

太白菊

百篇诗思一枝头，黄菊花开蜂蝶游。渊明约李东篱下，西晋风流天宝秋。（同）

读一休的咏物诗，总能使人感受到其中摇漾着的与《玉台新咏》同质的风流，但一休从自然中体悟到的风流绝不止于此。远有陶渊明、王摩诘，近有平安末到中世急速发展起来的自然诗人的清逸世界，及至此时，宗教的超脱氛围达到饱和，对自然的描写也呈现出了涅槃的谛观况味。如此对自然的宗教化以及归依山水的心境，也让自然之风流带上了宗教的风流的意味，这在西行的作品中也可得见，譬如《方丈记》对草庵生活的描绘。因而，可以说投身自然本身就具有宗教性的解脱感。特别是作为一休时代的禅家信条，唯有与白鸥为伴，飘荡于江海之上的世外风流，才可作为云游僧人境界的象征。

渔夫

学道参禅失本心，渔歌一曲价千金。湘江暮雨楚云月，无限风流夜夜吟。（《狂云集》）

会里僧与武具

道人行脚又山居，江海风流蓑笠渔。逆行沙门三尺剑，不看禅录读军书。（同）

末后涅槃堂忏悔

艳简艳诗三十年，虚名天泽正传禅。吟身半夜与灯瘦，雪月风流白发前。（同）

拾马粪修斑竹

煨芋懒残旧话头，不求名利太风流。相思无隙此君雨，拭泪独吟湘水秋。（同）

画

泻山来也目前牛，戴角披毛僧一头。异类如甘一身静，三家村里也风流。（同）

孤山和靖图

孤山天地兴悠悠，唯有梅花无客游。李及若吟香影月，舩舟白集亦风流。（《续狂言集》）

钩日斋

世外风流是钓矶，天涯富贵也蓑衣。利名路断一竿日，只恨白鸥乖我飞。（同）

白鸥

水宿多年寄一身，风流江海伴谁人。愧沙鸥恶我名利，万里世波谁得驯。（《续狂言集》）

画屏

高山境万仞峰头，江北江南行几舟。寂寞长松林下寺，三家村里也风流。（同）

诗如《钩日斋》《白鸥》，与一休风的禅味诗情展现出了极度的融合。而且，一休的诗即便未用"风流"一词，亦有不少流淌着风流的精神。如大正十四年井上侯爵家藏品的拍卖目录中所列的自画赞《白鸥》，便是以诗书画共同演绎了这样的风流。

流落生涯伴白鸥，风波飒飒水悠悠。可怜世外风流客，渔屋残灯一点幽。

这样的境界，与其说是宗教性的，毋宁说更是诗性的，它是永远流转在东洋诗客间的自然诗人的精神。但其在与大自然合一的忘我的体验方面，又无疑与禅的无我、无心相契合。而其在之后出现在芭蕉、漱石的作品中时，又添上了一层明晰的艺术家的自觉，这样的表现在一休的作品中也已可窥见。

一休可以说是足可代表五山禅僧之风流的最著名的人物，但同时他也代表着时代的风潮，故而，在一休之外，我们亦可从其他人那里看到浓厚的风流雅趣。因五山文林深受中国翰墨界影响，对"风流"一词也多是在与中国文人同样的趣旨上加以使用的，这与一休的情况一般无二，只是范围进一步扩大到了五山文艺，有了更为丰富的用例：

风流儒雅——《竹居清事序》《策彦和尚初渡集》等

风流蕴藉——《月舟和尚语录》《幻云文集》等

风流温藉——《三益艳词》等

风流藉甚——《南阳稿》《秃尾长柄帚》等

风流称首——《角虎道人文集》《花上集序》《清溪稿》等

风流潇洒——《幻云文集》《梅屋和尚文集》等

风流王谢——《蕉坚稿》等

江左风流——《幻云稿》《冷泉集》《幻云文集》《清溪稿》《南阳稿》《蕉坚稿》等

李王风流——《三益稿》等

晋风流——《策彦和尚诗集》《花上集》等

物色风流、文物风流——《空华集》等

其中引用颂赞最多的就是中国典籍中王子猷与戴安道于剡溪雪夜访友的风流，即便是到了后世，也仍然作为文人风流的理想而被反复咏诵，现例举二三如下：

剡溪归舟障子

乘兴扁舟冒夜寒，如何且棹下前滩。风流不以山阴竹，万玉森森带雪看。（《猿吟集》）

雪后赏月

春雪如斯从古无，青松三日白模糊。有花有月皆奇夜，只缺风流访戴图。（《清溪稿》）

送猷雪舟

典午风流王子猷，兴来访戴水悠悠。老夫亦欲寻君去，且待山阴雪满舟。（《空华集》）

此外，司马相如、李长吉、陶渊明、林和清、杜牧亦被作为风流之士不断赞美，至于本朝，最为人称道的则是菅公的风流，并屡屡出现渡唐天神的画赞，这或许是因为渡唐天神中蕴含着佛教的意味，同时又体现着禅的趣味。

渡唐天神像

万古名高北野神，径山衣钵重千钧。风流文物尚如法，一
朵梅花面目真。（《清溪稿》）

梦诣北野神祠

菅相风流在，寻诗庙下来。遥望松似荠，近看雪皆梅。

花月九天笔，枫宸一轰雷。片云何处过，弦管凤城隈。

（《五孔笛》）

这里的"风流"，指的是人格的高迈，文藻的秀绝，非常贴近"风
流"一词的原意，在这个意义上推而广之，则可用于表示各领域中的
美的感兴与艺术的趣味，其用例在诸典籍中也并不少见。如《幻云
集》有以杨贵妃"风流阵"为主题的诗作，再如《村庵小稿》中"小
笠原右京亮源道资画像赞序"所写的携笛上战场，这样的人，世间也
仅我朝敦盛、道资二人，就连汉土也无，故赞之曰："虽曰一时之把
玩，亦是千载之风流也。"《岛隐集》中有诗作《画轴》："谁家棋客
风流友，何处钓徒烟水身。"《心田诗稿》中，以《和悼山名殿》一
篇怜惜多艺之人，叹道："衣冠人物一门表，骑射风流千众观。"

另有不少诗作，状写着因喜爱自然物中清净之美而生的风
流，如：

瓶中红白二莲

红白莲开露气浮，花颜映彻玉壶秋。风流堪受二君子，为

问朝来无恙不。（《猿吟集》）

四爱堂

莲属濂溪君子爱，兰关山谷弟兄情。风流不远晋兼宋，梅有清香菊有英。（《策彦和尚诗集》）

像这样对作为清廉人格象征的自然物的喜爱，本是中国文人的传统，这一传统能够顺利植入日本诗文，想来也并非没有禅僧的缘故。其与当时的汉画相裹挟着移入日本，及至后来深入到江户文人的世界，成了文人趣味的源流，大雅、芜村、华山、椿山、竹田等人的风流，便是来源于此。从来知江户时代文人世界者众，而知此世界为五山禅僧风流所开拓者却甚少。因而更须在此列举如下诗作，以窥知五山禅林以自然为友的风流：

雪后春山

一抹远山眉黛修，雪晴多态转风流。湖嫁亦有春愁否，十二螺鬟变白鸥。（《幻云诗薹》第一）

竹瓦宜雨

竹帘画栋不风流，刬竹尤宜覆小楼。点滴声中试欹枕，渭川千亩在檐头。（《梅溪集》）

贫池移荷

盆里移荷凉露稠，主人是好事风流。野生最喜高居近，少借半床吟取秋。（《清溪稿》）

溪山佳处图

风流玉府稔声名，闻爱播阳山水清。看画知君无限思，钓诗湾江野航横。（《豨庵集》）

次韵达金华仲方长老见寄

风流君尚在，云路意逾长。一住金华后，重游洛水阳。梅花吟处月，杨柳别时霜。惊喜投诗至，□珠照我傍。（《云壑猿吟》）

这样热爱自然之美并从中体会到诗趣诗情的"风流"，同时也蕴含着人之美与精神之美。于五山禅僧而言，其作品中的人之美多体现在对侍童与美少年的赞美，而精神之美则主要是对宗教的、仙隐的心境的传达。

就一休而言，他并非没有歌咏美女风流的作品，比如在包含着大智慧的《逸偈录》中，就有一篇以《悼戴家女儿》为题的诗作，风调极尽艳冶："佳人一段好风流，花满春城月满楼。露出娘出真面目，绮罗小扇不遮头。"但五山禅僧的艳诗主要是倾向于描摹美少年的风流，一休则是个例外。若说足可道尽美少年风流的艳情诗，当属《三益艳词》，譬如"屡对红颜忘白头，乾坤之内好风流。合欢梦熟一双枕，七十鸳鸯输百筹"（《谢简》）一诗，就极尽浓艳之风。再如《松荫吟稿》的"洛花牡丹春色阑，远游何意驻吟鞍。风流想见美年少，万里江山濯绮纨"（《招松菊裔年少留滞播阳》），便是以艳冶的笔调歌咏着清朗的少年之美。而《续翠诗集》中的"少小风流秀不严，家声弓马冠山东。妙将自羽指麾手，更立骚坛绝世功"（《题岱年少韵》）则更多是从纯粹的精神性的角度盛赞少年的才情。此外，赞美年少的诗集还有很多，多称颂少年的风姿与文才，如"兰兄蕙弟眼俱青，文采风流属妙龄。若读池塘春草句，新翻又可入那经。"（《策彦和尚诗集》之《贞公髫年试春之和》）其实，对美少年之风流的追逐，原是中世末的风潮，惯见于武士世界，后在歌舞伎中达到鼎盛，并在这一时期出现了被称为"稚儿物语"的文艺作品，由此亦可窥风流世界之一角。

对作为纯粹精神之美的风流的咏叹，至其终极，则会达到宗教的境界，而平安末期风流雅客们纵情于山水之间的诗酒雅筵，亦是通往这一境界的途径。如画赞"禽语松声山更幽，有琴随后甚风流。梅花饮兴卒然起，近岸渔船载酒不"（《梅溪集》之《轴赞》）中，便蕴含着仿若中国词客携琴而来的洒然风流。再如"贤主风流置酒迎，自今何日迫龙生。明朝我竹独醒否，耳聆山童茶白声"（《宜竹残稿》之《竹醉前一日会友》）亦是如此。这样的诗作，使人得以聆听心灵的清音，从而感知风流中的一脉道气。

次韵赠益石友

赞公不负杜陵知，来往风流第一枝。想见高斋投宿夕，焚香款款话幽期。（《空华集》）

李遵道人竹石图

风流未识生前面，翰墨不空身后名。凤毛拂云秋有影，龙头出水夜无声。

半生清节江南梦，万里灵槎海上行。应逐锦袍弄明月，倒骑赤鲤别吹笙。（《碧云稿》）

遁庵

万法从来尽底休，藏身无迹也风流。包含天地一茅屋，直到如今不出头。（《铁舟和尚阆浮集》）

秋日怀古韵

道人用处自风流，钓月耕云护一丘。冷座松根空翠湿，清游岩下暮钟幽。

满阶黄叶已无梦，几夜青灯自照愁。去此西方精舍远，白头遥忆旧时秋。（同）

倪书记韵

山中偶见风流客，相对不谈今古非。戒月无云元阒寂，慧灯照世自清辉。

不传嵩岭千年月，岂见黄梅半夜衣。久病浑忘湖海事，回岩枯木掩柴扉。（同）

题画

寺住山峰隔翠微，幽居在下客来稀。主人应是风流汉，暮雪推窗待鹤皈。（《松荫吟稿》）

奉和相国堂头和尚重阳韵

相逢是处结眉毛，气味何殊苏与陶。看这风流老和尚，朗吟对菊帽檐高。（同）

此种风流，是结合了禅气与山水之清韵雅情后极尽枯淡冷净的风流，正是五山文艺的本质。其后漱石的风流或可达到这一境地。而禅僧的诗偈如："大乘何敢属神州，若涉有无横点头。说甚西来初祖日，不风流处已风流。"（《策彦和尚诗集》）则完全属于"禅诗"，几乎很难感受到其中的艺术趣味，但禅气亦可推动山水之美与诗的精神的呈现，使得作为最高艺术的风流得以展开。

由于平安时代的汉诗文与五山禅林的作品并非由日文写成，故而受到轻视，读者也甚少。但雪舟与雪村的水墨画却深受赏赞，想来是因牧溪那样的中国画中也飘笼着日本式的墨色与幽玄，而中国风的诗文也并不是可以轻易舍弃的吧。在今天，芭蕉的精神获得高度评价，喜爱其"寂"的人不胜枚举，然而须知芭蕉的内核，在五山文艺中就已达到纯熟。不妨安静下来，试着吟诵以下几首诗作，就会发现，其中的诗韵与芭蕉颇有相通之处。甚至可以说，良宽的诗情、漱石的风流也是源流于此。

山中偶作

草堂秋夜坐悠然，山月当轩清弄妍。五十年来闲妄想，树头风过小窗前。（《无文元选禅师语录》）

独坐寒床叹古今，青灯白发动愁吟。窗前一夜芭蕉雨，滴尽江湖无限心。（同）

寒床静坐向深更，万窍风生松有声。莫道山中无快活，纸衾柴炭适吾情。（同）

园西堂述怀韵

一刹那间梦幻身，青山相对卧云根。聪明智慧非吾事，白昼何妨闭却门。（《铁舟和尚阁浮集》）

冬日寄三首座

寒威凛凛衲衣薄，枯木堂中端坐时。欲向道人真寂寞，更无一物可相持。（同）

八

俳谐的风雅与风流

于芭蕉而言，"风雅"与"风流"的关系，是一个重要的问题。对此，我曾有过如下论述："比起对自身主观的内心的表达，感知客观外物中的实，为其所吸引并置身其中，更能见风雅之诚。物之实——与物之真一道，构成物之美，而当为物之真、物之美感动并付之以语言的时候，也必然伴随着内心的愉悦。在俳谐甚或是在一般的诗的世界达到此种境界，芭蕉称之为风雅，而到更广的诗歌以外的场合，则主要使用风流一词。风雅与风流尽管在用法上多有不同，但其根本精神是一致的。蕉门的风雅在自我超脱的方面，与和歌的精神尚保有一定的距离。俳谐比之对自我乃至人间的表现，更具有超越自我世界与造化之力的象征意味。"（《日本文艺的样式》六六六、六六七页，《俳谐之美》）关于"风雅"与"风流"的差异，当时一应以芭蕉为例而得此结论，现在看来仍有不足，故而有必要选取更充分的用例，对此问题展开进一步研究。

对此，大西克礼也有过如下辨析。"风雅""风流"等概念，无论是最初在中国，还是在用法与之相似的日本，其含义从原本用于诗歌文章中的狭义，到一般艺术乃至审美趣味的广义，纵然其中心被限定于道德的、教化的层面，但至少主要倾向仍然是精神的、文化的。就其审美意识而言，一般也多为强调其艺术感的审美契机。然而，及至连歌、俳谐等的发达，其中心点发生了移动，出现了一些特殊的用例。第一，明显具备了强调自然感的审美契机的倾向；第二，在"风雅"的概念中，特别是在美的层面上，开始强调主体的精神态度，甚或更进一步的生活态度；第三，在狭义上，将"风雅"一语限定于俳谐这一特殊的艺术形式之中，同时使"风流"的概念将其囊括在内，发挥更自由广泛的含义。至此，这两个概念便可得以简单区分了。（《风雅论》一三〇至一三二页）我基本赞成这一说法，但也不能说这样的观点是完美无缺的。

关于"风雅"与"风流"的用法差异，小宫丰隆也在《是"风雅"还是"俗情"》（《文学》昭和十五年三月号所载，后收录于《人与作品》）一文的"注"中，列举了诸多用例加以说明。他认为，"风雅"主要用于艺术、诗歌、俳谐的领域，而"风流"则或用于具有优秀的艺术性的事物或为绝妙的趣致或具自由的意味，或指高雅甚或高雅的内心与动作，但其中并没有指称诗歌俳谐的情况。故而，"'风流'中包含着诗歌俳谐创作的底奥，优秀的诗歌俳谐则会表现出'风流'的意蕴。'风流'、诗歌俳谐与'风雅'之间尽管关系密切，却仍各不相同。"（《人与作品》五八、六一页）可见，小宫氏对这两个概念的区别有着很精密的分析，总的来说主要是"风雅"是指具体的艺术现象，而"风流"则指其背后支撑其得以成立的抽象的、审美的东西。但其中的区别真的完全如此吗，我认为还有必要找出尽可能多的用例加以进一步研究。

本书主题为"风流"，但就芭蕉而言，其核心应该说仍是"风雅"，故须首先厘清"风雅"的含义。"风雅"一语多被认为是明确指向"俳谐"的，用例也极多，这应该是独属于俳人的用法。如芭蕉自己对"风雅"的使用：

> 去岁秋，匆匆晤面。今年五月初，依依惜别。临别之时来叩草扉，终日闲谈。
>
> 许六秉性好画，喜爱风雅。我问："缘何好画？"他回答："为风雅而好之。"我又问："缘何爱风雅？"他回答："为画而爱之。"所学者二，而用者一也。诚然，孔子曰："君子耻多能。"此人兼善二而用为一，实可感可佩。论画，他是我的老师；论风雅，他是我弟子。师之画，精神透彻，笔端神妙，其幽远所至，为我所不能见。而我之风雅，却如夏炉冬扇，不合时宜，众人不取。释阿、西行之歌，虽也不为人们所爱咏，却意趣深远。后鸟羽上皇曾属文赞曰："歌心诚实，颇有悲悯。"故而我辈应以此为鞭策，紧步后尘，不迷前路。南山大师讲书道时曾说："不求古人之迹，唯求古人之所求。"我亦云："风

雅之道亦同此！"遂秉灯送至柴门之外而惜别。[1]（元禄六年《许六离别词》或云《柴门辞》）

　　此处的"风雅"，在使用上与"画"有清晰的区分，同时，从南山大师的书道可以推知，其与书道也有严格的区别。但此处"风雅"与书画亦有相通之处，究其根源，因书画是外物，终将归于其内在的精神，即"风雅"。当然，在此处"风雅"亦可指称俳谐，但若不以之指代俳谐，又是为何言及"风雅"呢？据我推测，比之于单以"风雅"指代俳谐这一文艺样式，芭蕉所思虑的更有其后的大背景，亦即贯穿诸艺道的一种美的精神，这种美的精神在诗歌文章中得以体现，并具象化地结晶于俳谐之中。这样一来，所谓"风雅"，比之于单纯的俳谐之指称，其所指的更是作为"雅"之呈现的俳谐。其并不是简单地以"风雅"代俳谐，而是指俳谐的"雅"以及作为"雅"的俳谐，在这个意义上，"风雅"并未失其原意。但是在此处，其与俳谐——或者至少是俳谐相关的文章——以外的"雅"区别甚为明显。

　　而且，这里的"风雅"也承继了后鸟羽院、俊成、西行等歌人的精神，因而，这与书画有所区分的"风雅"同和歌之间却有着颇为相合的血缘。若进一步强调这一点的话，这里的"风雅"就未必

1. 此段译文引自王向远译《日本风雅》，吉林出版集团有限责任公司，2012 年 5 月，第 172 页。

单指俳谐了，连同素堂等人的汉诗或也可纳入其中。这样说来，芭蕉的"风雅"，毋宁说是泛指以诗歌俳谐为中心的作诗为文了。所以说将"风雅"仅限于俳谐的指称，实在不过是一种推测。更确切地说，像"别许六"这样的文章也可归于"风雅"之中，包括《奥之细道》《幻住庵记》亦是如此。因而，我并不认为"风雅"就必须被限定在俳谐的发句与附和之中。

真正的"风雅"，理当是对定家、西行、白乐天、杜甫等的精神的深刻体悟，是藉此以言其志，慰其情，是"由此而入真道"。我虽不十分明白何为"真道"，但想来也不外或是圣贤之道，或是佛道了，或许也是指深入艺道之堂奥。无论如何，风雅道绝不应仅局限于俳谐的技能层面，至少应包含着歌人诗人的高雅之道。应该说，诗歌文事佛道相结合的脱俗境界，才是"风雅"的领域。这样想来，"风雅"看似多指代俳谐，实则是通过俳谐指向了古来的诗歌。由此我们不难推定，"风雅"实际上指的是作为美的精神之表达的文艺之道。

通过读览芭蕉的书文，我认为芭蕉的"风雅"则主要是指文学特别是俳谐及其精神。而足可让"风雅"成其为"风雅"的精神，便是"风流"，但是在芭蕉看来，文学之外的艺术如绘画等之中的"风流"，却很难称之为"风雅"。而且，即便是在文学中，俳文尚可被认定为属于诗性的文章，但小说、戏曲等却从未被纳入考虑范围，因而"风雅"最终指向的仍然是诗歌或诗性的文章。如此可知，"风雅"一方面并不能将所有的艺术范畴全部纳入其内，另一方面却又未必单指俳谐与诗歌这样具体的艺术现象（特别是其对应的艺术作品），其有时也会指向一些并无诗歌之美与诗歌精神的事物。

芭蕉对"风雅"的用法，大体来说并未逸出传统的范畴。"风雅"原就出自诗经的《风》《雅》，是指"正乐之歌"，哪怕是在钟嵘《诗品》与《晋书》中，其用例所指也都是《诗经》，所谓"风雅之道，粲然可观"（《文选》序），其中"风雅"的含义都是雅正的文章。之后"风雅"一语的用法虽然有所拓宽，但因其源自于诗，故而并未像"风流"那样跃入好色的世界，也并未延伸到华丽的视觉艺术的领域。事实上"雅"本身就具有这样的意味，可见"风雅"一直都未失却其原意。当然我并没有非常详尽地调查"风雅"的所有用例，也很难说我的判断就是正确的，但仅就我所知，"风雅"与"风流"是有着相当不同的指向的。特别是在日本，"风雅"的用例可说是远远少于"风流"，其古时主要是对文事的高雅状态的描述。在我所掌握的材料中，关于"风雅"有如下用例。（中国的用例要远多于日本，如《佩文韵府》《文选》《古诗源》《文心雕龙》等中也有大量"风雅"的用例，其用法都少有逸出"风雅"的原意。但此处就先略去中国的用例不提，只列举日本的用例。）

誼（贾谊）谪居长沙，遂不得志，风土既殊，迁逐怨上，属物比兴，少于风雅。（《文镜秘府论》论文意）

中间诸子，时有片言只句，纵致于古人而体不足齿，或者

随流风雅泯绝。（同）

开元十五年后，声律风骨始备矣，实由主上恶华好朴去伪从真，使海内词场翕然尊古，有周风雅再阐今日。（同，定位）

诗人因声以缉韵，沿旨以制词，理乱之所由，风雅之攸在。（同，集论）

夫和歌者我朝之风俗也，兴于神代盛于人世，咏物讽人之趣，同彼汉家诗章之有六义，然犹时世浇季，知其体者少，至于以风雅之义当美刺之词。先师土州刺史叙古今歌，粗以旨归矣。（壬生忠岑《和歌体十种》）

于是礼毕讲经，□罢开宴，盈耳者四百年之风雅，洋洋犹遗，解颐者三千人之生徒，济济未散。（《扶桑集》《本朝文粹》卷九"仲春释奠，毛诗讲后，赋诗者志之所之并序"菅三品）

夫和歌者志之所之也。心动于中，言形于外。是以春花开朝，争浓艳而赏玩，秋月朗夕，望清光而咏吟。诚是日域之风雅，人伦之师友者也。（《本朝续文粹》卷三《详和歌》纪贯成）

夫阳春欲阑，便是花鸟可赏之候。夷夏无事，宁非觞咏遇境之时哉，是以内相府尊阁，暂垂启沃之余闲，忽催风雅之比兴，开宾馆而延才。（同卷九"七言，暮春陪内相府书阁，同赋当门绿柳重，应教诗一首"在良朝臣）

我君寻八云于出云之昔，酌余波于难波之朝。姑射山之花

下，各逢风雅之中兴；和歌所之月前，再见天历之先踪。（《千五百番歌合》卷七，四百五十一番藤原良经判词）

遮月云关风雅里，驻花露驿醉吟程。（永承六年《侍臣诗合·诗境惜春暮》右近中将隆后）

风雅任他三百首，词华可观一千丈。（《三善为康续千字文赞诗》藤原宗支）

匪写儒林风雅之言叶，兼依灵山世尊之法华。（《赋光源氏物语诗序》正应四年八月）

加之涉风雅之二义。（建治元年，摄政家月十首歌合一番判词）

故嗟此道久废俗流不分泾渭，所以有此撰，非偏采华词丽藻今壮一时之观，专欲举正风雅驯兮遗千载之美者也。（《风雅和歌集》汉文序）

此外，在五山文学中也屡屡可见"风雅"一语，当然其中也并非没有将其与"风流"混用的情况，但基本都可以看出二者之间的分别。由此可见，"风雅"的思想最初因受中国的影响而专用于汉诗文之中，后也延用于和歌之中，意指雅正之歌。

至于"风流"，芭蕉对其用法颇为多样，若要根据含义进行分类实非易事，因而只能从其初期用例出发，去探寻芭蕉"风流"的独有路径。

都人见山桵，疑是藤上嫩叶生。

……此为都人将从未见过的山桵视作藤上生嫩叶的风流，实在优雅。（延历八年《常盘屋发句》）

此句虽未明示所写时间为平安时代，但"都人"一词正是指那些具备平安时代贵族趣味的风雅之人，将山桵芽视作藤上的嫩叶，颇有一些歌人式的热爱自然的态度。

上例自野鄙的"山桵"中取材，可说是极具俳谐的滑稽意味，但与从野鄙之中见出风流相比，上例毋宁说是以野鄙为对照，着意凸显都人的雅致与风流。

诗自汉及魏四百余年，诗人、才子、文体皆几经变革。倭歌之风流，代代更新，俳谐亦年年变改，月月出新。（《常盘屋句合》跋）

其中便称和歌之精神为"风流"。而芭蕉在初期应当就是从这样的和歌与物语的世界中汲取"风流"的养分的，因而芭蕉的"风流"可说是立足于平安时代的传统之上的。

那么，芭蕉自身所体验的俳谐风流又是如何呢？

吉野樱花留我驻，于是闲对曙色黄昏之盛景，远观清晨残月之清愁，渐觉心内郁郁。或遥忆摄政公之歌，或沉迷西行之

枝折，或感叹贞室"此为此为"之即兴句，每欲言而词穷，终难成咏。纵有振奋风流之心，至此却已无兴矣。（《笈之小文》）

这篇吉野纪行中的"风流"，是踵良经、西行、贞室等古代词人的先迹而探寻自然之美，是俳人对美之意欲的表达，是芭蕉所谓的"风流之心"。然而当此之时，芭蕉却因震撼于过去的艺术与自然的美，只能任由无尽的感动在心中奔腾，遂陷入了"无兴"的状态，继而"风流"也丧失殆尽。但是须知，这种求"风流"而不得的状态却恰恰是一种"风流"。于芭蕉而言，吉野的美、吉野的歌与俳谐都是过去时代的风流，此时芭蕉的"风流之心"，并不仅仅是对过去的风流的追忆，更包含着对新芭蕉风风流的确立。然而此时，为古时风流所震慑的芭蕉自身已经词穷，故觉"无兴"，事实上却是避免了对古时风流的旧调重弹。这样想来，芭蕉的"振奋风流之心"，是为了让人们感受到纯粹的芭蕉风的风流奥义。我们知道，《笈之小文》之旅的重要目的地就在吉野，这篇纪行文的开头便写道："眼中无花，则同夷狄；心中无花，则类鸟兽。"芭蕉如此不厌其烦地表露着自己为"花"所诱惑的心，他所暗示的不正是这样的"风流"吗？爱花的风流毋庸置疑是传统的，因而也可以说它是风流的典型形态。而芭蕉没入这样的典型形态，实则是以此为路径回返到了作为其根源的"造化"之中，从而修行由造化直射而来的风流之道。芭蕉在这篇纪行中，比以往任何时候都更加狂热地主张回返造化的俳谐之风雅，或许就是因为他立于吉野樱花之中，体悟到了能够更进一步靠近传统风流的"枝折"，故而产生了回返其中的念头。于是在面对着吉野盛景而不得一句的"无兴"时，愤而对自己发出诘难之声，这也成为了芭蕉再一次展现其风流的动机。

而到了《奥之细道》，芭蕉风的"风流"堪称臻于完熟。有三例可证：

> 于须贺川驿访等躬，盘桓四五日。等躬问曰："如何过得白河关？"答曰："长途苦累，身心俱疲，且风景之美夺人心魄，怀旧之心更断人肠，竟使所思所感难以顺利成句。"
> 在奥州的插秧歌中，初感风流。
> 继而得胁句、第三句，于是终成连句三卷。

对于此处的"风流"，自古说法甚多，近来将其与谣曲之"风流"相关联的说法颇为盛行，我认为其依据为《奥之细道综合研究》（《俳句研究》昭和十年八月号）中颖原退藏氏等人的观点，故在此将其中主要观点稍加概述如下。对于这首俳句的解释，总的来说可分为两类：一为时间的、历史的视角；一为空间的、地理的视角。前者将奥州的插秧歌视为"风流"的源泉，而在这一观点中，又分化出了两种说法：其一，一般而言，"风流"的原始状态即为此奥州插秧歌；（依据《师走囊》前说、《俟后抄》《奥之细道通解》《芭蕉新卷》等）其二，奥州插秧歌可作为谣曲之"风流"的滥觞。

（依据《菅菰抄》《说丛大全》以及斋藤香村氏的《关于芭蕉"插秧"句与风流》等）而后者则认为，越白河关而入奥州，此次旅行亦是"风流"的关键，只是在听到奥州插秧歌之时，倍感"风流"。（依据《师走囊》后说，其他相关解释都较为晚近。）我认为，正如颖原氏与其他许多注释者所采用的那样，还是最后的说法较为妥当。只是对于谣曲之"风流"是出自奥州插秧歌这一说法，并非没有值得商榷之处，只是我现在所掌握的论据还比较薄弱，只能留待以后研究了。而在这本以"风流"的研究为旨归的书中，这样的发现还是颇能令人意动的。不管怎么说，从《奥之细道》的前后文中，从俳句之品格上，无论将此句视为谣曲的起源还是风流精神的根源，于文艺作品而言都是颇煞风景的，不免有不风流之嫌。白河关在《奥之细道》与《旅心定》中都有出现，芭蕉达到须贺川，面对等躬的"如何过得白河关"的提问，咏出一首寒暄般的俳句，并将其作为发句集得"歌仙"[1]卷，而此次旅行的"风流"，便在来到此地听得插秧歌后开始萌芽，心中也变得欢愉了。这样的解释应该说是比较恰切的。

这样想来，芭蕉是想要在奥之细道的旅行中体验"风流"的，这样的"风流"正是来源于边远之地插秧歌中的素朴。事实上，此地比芭蕉在"初怀纸"中所写的"风流"的近江与美浓更加偏远和

1. 歌仙：三十六歌仙，为连歌或俳谐的一种形式，即将长短句交替连缀而成的三十六句。

原始，而从原始世界中感受风流也并不是"风流"的后退，反而恰恰可以促使"风流"的前进。而在俳句中将自己对"风流"的发现直接吟咏而出，除了为后来平庸的俳人提供了一种创作思路之外，更能够昭示芭蕉"风流"的不落俗套。事实上"风流"一语在当时尚属于颇具新鲜感的艺术论术语。由此可见，芭蕉在《奥之细道》的旅行中迈出的探求美的第一步，便是感受吉野的"无兴"，这与以往的赏花品月不同，其风流就蕴含在意料之外的路旁，在生活化的风趣之中。在这个意义上，我们即可从中品味到芭蕉风的诗意与情热。

　　渡名取川而入仙台，恰逢端午日，寻得旅宿，逗留四五日。此处有画工加右卫门，闻听其乃有心人，遂成相知。其人曰："纵是不为人熟知的名胜，我也已有观览考察。"于是请其为向导。宫城野荻草繁茂，让人不由想到秋时的盛景。途经玉田、横野、榴冈，正值马醉木花开。日影尽数没入松林，菶菶郁郁，是而此地名为木下。此地自古林深露重，故有歌曰"宫城树下露如雨，劝言众从侍，为君撑雨笠。"而后参拜药师堂、天神御社，不觉已是日暮，犹绘得松岛、盐灶之景相赠，并以两双藏青染带草鞋为我饯行。当真是个风流痴人，至此方显本色了。

　　缚上双脚的菖蒲草哦，我的草鞋带子。

114

此处的"风流痴人",实则是对画工似贬实褒的赞赏。他带芭蕉去看不为人知的风景,并以绘画相赠,实在是一个趣味高雅之人。而他的风流之心最终落到了以"藏青染带草鞋"饯别之上,这藏青的染带就极具感观之美。然而更加触动芭蕉内心的是,如草鞋这般粗鄙的生活用品在此时得到了美化,或者说这些微小而具有美感的实用品使得生活得到了美化,这本就是一种人情的显现,同时,那绵密而又深厚的情谊也足可慰藉芭蕉清苦的边地之旅。这样的"风流",与前文所提到的从奥州插秧歌中感受到的幽微的风流不正是同质的吗,它们都是以"侘""寂""枝折""细柔"等俳谐精神为中轴的具有流动感的"风流"。恰如芭蕉在《笈之小文》中所写:"于边远之地,只得平日守旧顽愚而令人敬而远之之人为向导,却反成良伴。在杂草之中得遇风流,犹如于瓦石之间拾得美玉,于泥土之中淘得黄金,欣悦之情满溢,则欲书写成文,欲告之于人,此为旅途一乐也。"这样的情境,恰恰对应了芭蕉在此地的经历。

《奥之细道》中关于"风流"的第三例,则是关于"闲寂啊,渗入岩石的蝉声"之句:

> 乘船沿最上川而下,至于大石田,于此地待天转晴。不料此地竟有古风俳谐之种遗落,偶有开花,令人无限追慕往昔,亦可慰我"芦角一声"之心。其人有言,求索此道,每常于新古之道间迷失,苦于无人指点,故勉力留下连句一卷。此程旅

行之风流至此矣。

　　芭蕉在大石田所做的俳谐，皆收录于以"于大石田高野平左卫门亭"为序的歌仙卷中，其发句即为："五月雨落，汇成最上川中的，滔滔急流。"而紧随其后的胁句则为一荣所作。最上川之句，为登船之前的寒暄之作，而《奥之细道》中所收录的"五月雨落，汇成最上川中的，滔滔急流"或为后来修改之后的句作。此卷歌仙的参与者主要是芭蕉、一荣、曾良、川水，其中曾良为芭蕉的同路者，而大石田当地的俳人到底属于少数。他们于俳谐的"新古之道间迷失"，蹒跚前行，却仍然有志于俳谐之道，对此，芭蕉也不觉燃起了指导之心，于是留下连句一卷，成就了"此程旅行之风流"。此处的"风流"，概而言之即是指称俳谐，但我认为也可以将其笼统地理解为堪为此次奥州旅行之动力的艺术意欲。而这样的艺术意欲，或者说审美志向，时而是产生于插秧歌中的微妙感受，时而是藏青色染带草鞋带来的奇妙魅力，亦更是对隐于边地的俳人们沉潜却又不容轻忽的趣味性的发现，而这些，都在芭蕉的心内点燃了一豆诗的情热之光。依芭蕉语，此时的他似乎稍感困扰，可事实上在这"勉力留下连句一卷"中，包含着他对有志于俳谐之人深切的欣悦之感，更流露着自己的风流之道得以渗透到其所能到达之处的满足心情。

　　如此看来，就自古以来对"风流"的定义而言，《奥之细道》中的"风流"似乎很难称之为"风流"，或者说其显示出了一种"不风流"，但也正是在这"不风流"之处，可以见出新的俳谐"风流"。其中隐含着芭蕉因蕉风确立大业即将完成的深刻满足感。事实上，无论是插秧歌的"风流"，还是藏青草鞋染带的"风流"，抑或是"无人指点"的边地俳人们"芦角一声"的"风流"，仔细想来其自平安时代以来并非全无先踪。然而如这般充满田园况味，远离"雅"而近乎"鄙"的"风流"，在此前仍属罕见。《奥之细道》也正是在这个意义上记述着"边地羁旅的行脚，舍身无常的观念，道路艰难的天命"，更表露着芭蕉以非同寻常的意志对新"风流"的艰难求索。也正借于此，芭蕉在"边地"更"边"，在荒蛮的生活中，确立了前所未有的深度的"风流"。

而至《奥之细道》之后，芭蕉对"风流"的使用也多有平安时代贵族式的"风流"中并不推倡的成分。

偶感风寒，是而旅宿于渔夫茅屋，心内侘寂，却共襄风流诸事。

病雁落寒夜，我这寂寂的旅宿啊。

以上引文，是芭蕉旅宿于渔夫的茅屋，倍感侘寂，偏又患上风寒，于此病苦的生活中感受到的"风流"。这里的"风流"，虽可说是指俳谐，但广而言之，其似乎更是指自具有俳谐精神的侘寂生活中生发而出的美的感兴。此"病雁"之句所展露的是一种"侘"之"风流"，而正是此种芭蕉晚年的"风流"，使得日本的艺术精神得到了升华。若要对此"病雁"句加以解释，难免会给人一种悲剧之感，但若从此句中见出汉诗风的沉痛，实则并非俳谐式的理解。根据上文所引书信可知，此处的"风流"，比之于"侘"之"哀"，其更接近于"侘"之"哦可嘻"。"侘"，惯常给人以生活感情没入苦闷的感受，但若将其纳入审美观照中，则会仿若天光乍现，从而演化出欢喜之姿。芭蕉便是静静沉潜于自己生命的苦闷根底，并安住其中，建造出了一个观照的世界。由《猿蓑》可知，此句为芭蕉于坚田所作，句中的病雁到底是幻是真，已无从知晓。但是，那在渔夫茅屋中的旅宿，内心的侘寂之感，以及由此而生的"侘"之风流却是万分切的。旅途罹病的芭蕉，或许就此化身病雁，将自己从这人世间的苦恼中救赎而出，到达了一个高妙而美好的仙境。因而可以说，芭蕉的"风流"最后所抵达的，是足可将人从生之苦恼中救赎而出的客观化的道。事实上"风流"之中原本是包含着这一方向的，但在以往的文献中，依然鲜少见到像这样通过拔除生命之根源以使其得以净化的宗教性含义。或许只在五山僧徒，特别是一休那里可以看到类似的风流精神，但其与芭蕉这般落入生活之中的切实的东西仍有不同。"风流"本也不能说是宗教性的，但芭蕉的"风流"却恰合了禅的脱落之道。芭蕉在"病雁"之句与这封颇具序言意味的书函中述说着自己的苦恼，却几乎不带感伤之意，毋宁说其中甚至恍然摇曳着他幽幽微笑的面影。他将自己的生命完全化为一种象征，而后从中生发出了澄净与明澈。由此，芭蕉确立了比奈良、平安时代的风流世界更加高层次的"风流"，这便正是"不风流处也风流"的禅之"风流"的艺术完成。如果说茶道"侘""寂"的"风流"创立于茶亭之中,那么芭蕉羁旅与漂泊的"风流",则产生于大自然的流动与永不止息的生活之中,其是对运动着的自然与生活的风流化。而堪为真"风流"的芭蕉的"侘"与"寂",绝不会仅在一间人为的茶亭中设置一个小宇宙,而是会任由自我徜徉于大自然、大宇宙之中。因而,就如"病雁"之句一般,芭蕉的俳谐正像一间草庵,如实地封住着他的生活,在这个意义上,芭蕉俳谐比之茶事之流必然显得更为彻底。

> 道中风流,亦有虱虫之侘。……于是泛舟游于大井川,有俗客相伴,而咏岚山朝暮,赏富士山景。(元禄四年五月十日,寄予意专书函)

由此书函可知,此处的"风流"似乎是从泛舟大井川而咏岚山朝暮、赏富士风色中得见,然而与此相比,旅途中的虱子带给人的侘寂之感似乎更是一种"风流"。正如《奥之细道》中的俳句"旅中随处卧,枕畔马尿还伴跳蚤过",其不单单是对奥州行旅中一些小事的记述,更是对俳谐之道中重大风流事的确认。将虱虫之"侘"纳入"风流"之中,或许便是芭蕉"风流"的一大特征。

> 高耸的岩端,亦有一月客流连。(去来)
> 去来曰,洒堂以为此句当用"月猿",余实难认同。先师

曰，何来猿，汝作此句时正作何想。去来曰，当是时，吟步山野，有明月当空，亦有一骚客独立岩头。先师曰，唯自谓一月客，方有几许风流。如此一来，此句当为自况之句。我对此句亦是珍之重之，并将其纳入《笈之小文》。余之趣味终究逊色一筹。依先师之意，此句颇有几分狂者之感。（《去来抄》先师评）

对于"月客"是否如同芭蕉所说是属于自称，一直以来都众说纷纭，但此处的问题是，芭蕉认可了此"自谓一月客"之人的"风流"。去来评价此句"颇有几分狂者之感"，事实亦是如此，此句确实为我们勾勒出了一个风流不羁的狂人的面影。此般"风流"，不单单是热爱自然之美的态度，更是以陶醉自然美之人自许的狂热之心，是洒脱、磊落、奇狂的风怀。这在某种意义上是一种过度的"风流"，是平安贵族那般情志有节、行止有度的温煦风流人们所不取的，是逸脱于常识之上的浪漫的"风流"。这样的"风流"所体现出来的"过度"，看似与"婆娑罗"的"风流"颇为相似，但事实上其恰与物质的华美相对跱，是一种空灵的"婆娑罗"，或者毋宁说是一种反"婆娑罗"，反而是与"侘""寂"相通的。也就是说，这样的"风流"是与能乐之"风狂"、茶道之"洒落"同质的，是完全精神化的存在。其并非一般意义上的"侘""寂""枝折"的沉潜，亦非"病雁"之句的静观。其中包含着狄俄尼索斯式的精神，是一种动感的情热与狂信者的心境。像这样内蕴浪漫激情同时又带有几分谐谑的"风流"，在芭蕉的俳句中也时能得见："去赏雪吧，在雪地里翻滚，直到滚不动为止。"（《笈之小文》）"牵马横野过，瞧那杜鹃啼不绝。"（《奥之细道》）应该说这样的"风流"，也是蕉门风流中不容忽视的一脉。而这一境界，其实与《初怀纸评注》中的雪村颇有相似之处。芭蕉评其为"狂者之体"，而在此处，芭蕉则是将自己归入了狂者之中。不过，面对作为狂者的自己，芭蕉一贯都秉持着俯瞰而后超越其上的姿态，他狂热地信奉美，同时又可安于自身的狂热，他到底是一个乐天知命的俳人。这是近代的、俳谐的"风狂"，与雪村那般的中世"风狂"相比，其中更多了几分轻快。

综上可知，蕉风"风流"最初起始于对平安贵族"风流"的追慕之心，这个阶段可称之为古典主义的"风流"。而后其经历了中世风的"风流"，发展出了独属于近世俳人的新"风流"。在这样的俳谐"风流"中，既包含着一定的写实主义，也体现着相当的浪漫主义成分。总之其既非展现优雅典丽之美的"风流"，亦非豪奢的趣向，而是在素朴乃至粗野之中见出的"侘""寂"之美，是在苦恼与贫寒中感悟到的精神之逸兴。其在面对自然时所展露出的超越性的激情，以凡俗世界的眼光看来甚至显得"风狂"。这恰如漱石一般，因其所憧憬的"风流"在近代生活中实难实现，而终其一生都吟味着生的苦闷，以致最终不得不于死、狂、信中寻求人生的归处。而芭蕉幸运的是，他将自己的生活导入了"风流"的世界，由此完成了一种生的净化。可以说，在芭蕉的"风流"中，是存在着于生之中寻求死、狂、信之美的观念的。而芭蕉对这样的观念的求索之途自来就潜含着一种深刻的悲剧性，但唯有待到他超越这样的悲剧而到达更高的高处时，方才喻示着他喜剧性世界的完成。

可见，芭蕉对"风流"的使用，是将其古风的用法与新式的用法相混融的。概括来说就是芭蕉"风流"中既存在着美的精神与艺术的趣味，也存在以之为目标的强烈意欲，以及基于这一切的思想准备。这样的"风流"所指的是相对无形的"味"与态度，相对于自然爱、相对于所有样式的艺术活动而言，其常常隐于背后，藏于奥底，所指向的是一种由此而生的理念性的东西。至于"风雅"，其似乎并不涉及文事以外的事物，芭蕉对其的使用也多限于俳谐的世界，而"风流"则可推延至一般的生活之味、对自然的观赏以及艺术意欲，其似乎并不专指某特殊的艺术门类，但是从间接的角度而言其仍然指向通过俳谐所表现出的审美精神与趣味。

　　修习我门风流之辈，首先当熟读《鹤步百韵》《冬之日》《春之日》《猿蓑》《瓢》《旷野》《炭俵》等。发句当思及时代。（《祖翁口诀》）

此是否为芭蕉亲书现仍存疑，但不管怎么说其探讨的是关于俳谐之"风流"。但这里的"风流"并不是指俳谐本身，而是俳谐中所体现出的美与趣致，是俳谐的精神，甚或俳谐之心。

除此之外，相类的以"风流"指"美""趣致""风情"的用例还有很多。芭蕉对"风流"的使用，某种程度上与我们现今所说的"美"并无大的差别，但在一些特定的场合其会特指形之美或与"实"相对的"花"之美。这也是因为比之于美之"哀"，"风流"原本就更倾向于美之"哦可嘻"的一面，因而会由此特指也就是必然的了。

> 古来弄墨之人，多耽于花而害于实，好其实者往往忘乎风流。此文却既爱其花，亦未弃其实。（贞享四年《蓑虫跋》）

此文为芭蕉早年之作，文中尚留有歌道浓重的影响，亦可看出他此时对"花""实"思想的拘泥。然而无论如何他已经清晰地意识到，与"实"相对的"花"方为"风流"。此《蓑虫跋》是芭蕉为素堂的《蓑虫说》所作的跋文，而素堂《蓑虫说》亦是为应和芭蕉句作"来听啊，蓑虫的唧鸣，这草庵愈加寂静"所写。《蓑虫跋》开篇即写道："闭门草庵，兀自侘寂时，偶得蓑虫之句。我友素翁，读之颇有感触，故题诗作文以记。其诗也，如锦刺绣；其文也，如玉滚珠。"在此跋文中，芭蕉是将如锦如玉的诗文之形美视为"风流"，而文中的思想内容与道德讽谐则被视作"实"。这在芭蕉那里是极为罕见的用法，而事实上为"风流"赋予这样的含义本也是困难的。这也是本书至此提到的最为特殊的"风流"用例。而正因"风流"所关涉的多为形式的、感受性的物事，在将"风流"作为美的枢轴去构建美学的时候，一方面会显示出相当的浪漫性，同时又会表现出其偏近形式主义美学的倾向。以此形式美为"风流"实则本就是平安贵族的用法，而表现主义的、内容本位的"侘""寂"之"风流"方为芭蕉的开拓性观点。因此可以说，《蓑虫跋》对"风流"的使用，其实尚还停留在其古典式用法的阶段。其后，支考《陈情表》(《本朝文选》所载)中也有类似的用例："翁曰，俳谐有三品。寂寞为其情，即游于美色佳肴，而可安享粗茶淡饭之寂落；风流为其姿，即居于绫罗锦绣，而不忘麻衣草履之人；风狂为其言语，即言在虚而行当实，若居于实而游于虚，则实属难事。此三品之见解，犹低人难语高处，而高人自可瞰低处。"此文也是将"风流"与外形之美相关联的用法。事实上这样的用法比之于芭蕉，本身就更有支考的风格，只是其中也或多或少汲取了一些芭蕉的思想。因而，支考所谓的俳谐之"姿"的"风流"，在此处也不仅仅指绫罗绸缎，亦已虑及了麻衣草履之人。可见，形式美也不单单是指华丽的物事，其中应当也不排斥"侘"之美。这样一来，与"花"相比，"风流"似乎就更近于"实"了。然而相对于寂寞之"情"，支考的"风流"仍然更偏向于"姿"中之"味"，因而尽管其表述颇为迂曲，尽管其亦认可"花"可化"实"，但支考所称许的美仍然是"花"。而在《葛之松原》中，支考对古池之句的评价亦为："晋子侍其旁，而作棣棠句。……棣棠之句风流其花，而古池之句则有质其实。"此处仍然是以"风流"为"花"，与有质之"实"相对立，因而可以说以"花"为"风流"自来是根深蒂固的观念。而对于其角的句作风格，支考亦有评论："极尽风流，且立意于有趣之物。"可见其角与"风流"是不可分的。芭蕉对于其角句作的价值也是颇为认可，也颇多期待的。当然，于芭蕉而言，其角风的"花"之"风流"显然是稍嫌古旧了。因为蕉风"风流"有着化"花"为"实"的特性，其最终是指向"侘""寂""细柔""闲寂"的，然而尽管如此，芭蕉依然认可其角句作中的"流行"之力。

此外，在芭蕉的"风流"用例中，也有不知其所指的情况，如："待得天暖，于柳荫庵假寐，忆及北枝秋坊风流的争锋，实在令人难忘。"（元禄三年，寄予句空书函）通览全文，其似乎与樱花相关。另有《奥之细道》中草拓石上条，其虽以独立的文章传世，但根据《日本俳书大系》所知，其中亦包含了三种"风流"："……石面下沉，事事皆非，徒叹往昔风雅不再。"（《卯辰集》）"诚逊于风流往昔。……"（《花云》）"亦未见得无上风情。……"（《小文库》）而在曾良《奥之细道俳谐书留》中也有"往昔风流衰落，令人唏嘘"的记述。若将这些文章加以比较便不难发现，其中"风流"与"风雅"的含义几乎相同，而"风情"虽则稍异其趣，但含义也大体相似。（《奥之细道》中并无相关用例）或许是在稍晚于芭蕉的时期，便出现了"风流"与"风雅""风情"不作无清晰区分的混用情况。

以上为以芭蕉用例为中心对"风流"含义的考察，除芭蕉之外，去来、支考等人的俳句文章中也不乏其用例。如支考有发句曰："那啼鸣着风流之诚的，杜鹃鸟啊。"（凉叶，元禄五年《俳谐歌仙七部拾遗》），芭蕉接着缀上了胁句："溲疏花如雪，落在了我旅中的草鞋。"而且，在俳人中，有人甚至以"风流"为名，芭蕉就是在奥之细道的旅途中，在新庄与风流等人共作俳谐。由曾良《奥之细道随行日记》可知，此名为"风流"的俳人就是涩谷甚兵卫。像这样以"风流"为雅号，在现在看来或许显得过于露骨，且似乎多少有点反讽的意味，但在当时来说或许不失为一个新鲜奇拔的名号。这就像现今的画家以"印象"为雅号是一个道理。而以"风流亭"为名号的俳人，想来就是隐喻着如风之流的含义。

根据以上考察可知，"风雅"与"风流"的不同，总的来说确如小宫氏所说，"风雅"大体是指俳谐与诗歌，而"风流"则是指所有具有艺术性的物事，是"雅"之心。不过对此我仍想稍加注解。应该说，在艺术这一宽泛的意义上使用"风雅"一词的情况还是极为特殊的，其主要还是指向文事的领域，而且多指文事中的"雅"之美（亦即"风流"）。而"风流"则是指"雅"之心、"雅"之"味"，其使用边界相对模糊，并非仅限于特指俳谐这样的具体物，也包括俳谐之外的其他艺术样式中所展现的具体之美，甚至所有美的事物、美的对象。因而我曾说"风雅"指向诗歌而"风流"则指向一般的美与艺术，想来也并无不妥。

至于元禄以后的俳谐对"风雅""风流"的使用，我还未有翔实调研，只可以确知的是，芜村、一茶、也有等人的俳句文章中的"风流""风雅"，与芭蕉大体相类。

芜村的"风雅"用例如下：

> 大梦子出《古今短册集》，广集古之名流，近会当时同盟。……至此，世人始知俳谐之美，方仰风雅之德。（《古今短册集》跋）

其中"风雅"所指即为俳谐或文事的精神，与芭蕉并无不同。而"风流"亦有如下用例：

> 赏十三夜月，此为日本之风流也。

此"风流"为对自然美的欣赞。

> 其比蕉翁，行吟于山城东西，于清泷浪里濯去眼底尘垢，于岚山云中感悟时事代谢。（中略）梅花白如雪，是盗来了昨日的白鹤。这实在是令人迷醉的孤山风流啊。（《洛东芭蕉庵再兴记》）

此为对《甲子吟行》中"梅花白如雪，可是盗来了，昨日的白鹤"之句的批语，芭蕉显然是将三井秋风的鸣泷山庄与林和靖隐居的西湖孤山相比拟了。其中所表达的是以梅鹤为友的隐逸诗人热爱自然的清雅风流。

> 春来儿长成，身在浪花常思亲。

朵朵白梅发，浪花桥边财主家。

浪花风流地，撩乱春情难自抑。（《春风马堤曲》）

此处的"风流"，虽也与梅花春色的自然之爱相关，但更多是指好色的春情，亦即浪花之地的时下妆容之美。

太祇居士十三年忌时萃集追善俳谐，是日，风雨大作，道路难行留人驻，纵有蓑笠，亦无须强行离开，遂留居不夜庵。登莲法师以风流为品，其言志诚何耻之有，于是顿首佛前。

看这线香，恰如两三枝，赤色的芒草。（《追慕辞》）

"登莲法师以风流为品"，在《长明无名抄》与《徒然草》中亦有所记，在听到有人知晓"赤色的芒草"之深意的瞬间，登莲法师不待雨停便戴上蓑笠走入了雨中，正如生命的逝去亦不会专待雨晴一般。《长明无名抄》是基于歌道的立场对此"数奇者"的赞美，兼好则是从佛教的立场出发"见芒草而思及世事因果"。而芜村的"风流"到底是指登莲醉心歌道，抑或是对芒草这样的自然之物的兴味，实在不甚明了，不过我认为更多是二者兼而有之的。这样的"风流"实际上并未出于中世"数奇"之外。而在此文中，芜村自身亦是基于吊唁死者的诚意而以"风流为品"。其将佛前线香视为两三枝赤色芒草的心境，也暗示了踏入俳谐之中，使得人情之诚陡然转化为"数奇"的可能。因而可以说俳谐是扎根于"风流"

之上而生的，想来这也正是此文需要我们注意的。

由此可见，芜村的"风流"范畴也比"风雅"更为宽广，其含义更接近于一般意义上的审美趣味。

而在一茶的文字中，亦有相关用例：

> 三月三日，依此地风俗，家家皆插花，实有风流之风情也。
>
> 九日，过藤户、天柄木，而至于备前冈山。此地颇好风流。（《宽政纪行》）

前一例中，是在以自然美对生活加以趣味化的意义上使用"风流"的，而后一例中的"风流"则是指俳谐的趣味，其与"风雅"的用法几乎相同。

除芜村、一茶之外，在《鹑衣》中也大量使用了"风雅"一语，其多指俳谐，少数情况下也会用以指称和歌、连歌等。护花关六林的《题鹑衣后》亦是以"也有翁实为风雅的隐逸君子"开篇。此外，在《脐赞》《盆石记》《濯老井赋》《四州亭记》《与号说》《八百坊记》《发句塚记》《更幽亭记》《赠佐屋洗耳序》《布袋庵风客句巢序》《赠或人书》《为或人书序》《赠或法师辞》《尔住庵说》《示先以辞》《八桥集序》《法乐俳谐序》《巴雀木儿三吟十二表长歌行奥书》《青白舍记》《七不思议后序》《啸花诔》《悼鹤之文》《鸦箴》《旅论》《千竿亭记》《宜白亭记》等中亦可见"风雅"的用例。另有如："俳谐本出于连歌，连歌又源于和歌，此皆伯仲之风雅，其枝有分叉而根属同源，又何须另眼以视之。故今作俳谐一卷，以供法乐。"（《法乐俳谐序》）其中的"风雅"便不单指俳谐了。而也有对"风流"的使用，较之"风雅"则少了许多。

> 吸烟的风流日盛，而对于烟管的喜好更是年年翻新。（《烟草说》）
>
> 日用品之类，是为配伍之风流。（《脐说》）
>
> 昔日之数寄者，今作俳谐，其风流自有相通，而其心各有其别。（《赠或法师辞》）
>
> 主人的风流，皆可见于雅致的住居，观之令人倍觉幽雅，思之使人更添怀念。（《访文以辞》）
>
> 邀请者写下大量文字，其余人则饰之以风流。（《梦人记》）

由这些用例可知，也有的"风流"多是指俳谐以外的美与趣致，或者说是对审美趣味的指称。不过其中《梦人记》当属特殊用例，而《赠或法师辞》则主要是指茶道数寄者的"风流"。

九

画论中的风流

画论在中国发展较早，但在日本直到德川时代尚未出现总括性的论说。进入德川时代之后，一时间画论大量迭出，其中一个重要的原因在于汉画特别是南画迅速流行，作为文人余技的文人画也兴盛了起来。写文章本就是文人本职，在作画的同时论画，自是得心应手。德川以前的画家在和画一道主要是埋头于实技而鲜少加以评论，像雪舟那样的画僧同时又是宗教家，他们多沉潜于内在的深刻精神，而不喜立论。

在德川时代的画论中，并未见以"风流"为主题的著作，不过"风流"一词仍被屡屡用到，可以说文人画等的最终指向，便不外为"风流"了。如田能村竹田写下日本艺术成就最高的画论《山中人饶舌》，即有"大风流"之称。可见，唯有超越市井职业画师之俗风，逍遥戏游于大风流的世界，才是文人画的理想。画论中也有"风流"的如下用例："自中古有西川、鸟井之流，予以为其有损家派，只求形似，笔触细密，终究等而下之。亦未得画法真传，只绘外在之美，笔力亦有欠缺。其以风流的妓女歌舞伎之流为题，讨喜于外行小儿，却失其真，只得个町画师或浮世绘师之名。"（土佐光起《本朝画法大传》）此处的"风流"，与好色本中的含义相同，都是指外在的美，这样的风流并不具备很高价值。这是土佐派的画论，实则并没有真正触及文人画的风流世界。光起认为，只画一些风流的妓女歌舞伎之流，是蒙骗小儿的末技，但土佐派实则大体就是在表现这样的风流。光起尽管视浮世绘为土佐派之流，甚至直言其为"予家之污名"，但浮世绘不外乎是平安时代风俗画（隆能源氏之类）的再生，实在不必拔高到这种程度，尤其是浮世绘的"风流"与隆能源氏的"雅"之间还有相当的距离，光起所处的土佐派正居于两者之间，可说是"雅"中带俗的，更确切地说，是以上品与"雅"自夸的俗。

"有画家又曰，依古人笔法按图索骥，不正如胶柱鼓瑟，如不辨画道的婴儿谬论。凡画当如仙术，是足以展露人之所欲的风流，其可悦己愉人，如歌如诗。古人亦云，诗中有画，画中有诗，诗为有声画，画是无声诗，随心所欲呈其状，是为画也。仅临摹古人范本，安可为画。"（池田英泉《大和绘师浮世绘考》）此为从浮世绘的角度对"风流"的论说。在这篇文章末尾，作者接着对写实画进行了论述并对浮世绘加以溯源，主张此方为浮世绘的正确画风。这与土佐派那样的临摹主义不同，他认为需要通过对现实生活的摹写去寻找绘画的正确样式，如此方可使浮世绘大放光彩。但其目的仍是在于慰藉自己愉悦他人，在这样的慰藉与愉悦之中，并无文人画风的人生观背景，如针对《难波土产》的近松说，就是单纯的娱乐说，很难说它有深度的主张。所谓"表现眼前的人之所欲的风流"，在这一点上，确认了画近乎于仙术的意义，但这也只是指向画的娱乐性的感兴，终究不过是将其视作变戏法或西洋景之类的存在。但若善意地去想，也可以将绘画理解为现实观照之下的美的表现与形成，是能够满足人的艺术意欲的途径。如此一来，这里的"风流"，指的似乎就是美的、艺术的意欲。

在此书的终章，还有这样的论述："在近世画中，惯来有不重眼而重耳的俗情。精于业者常为画艺拙劣之人猜忌嘲弄，任由他们论长说短。而一犬吠虚，万犬传实，久之，能够欣赏其风流余情的同辈之人愈少，相互间只余胜劣竞争。"所谓"欣赏风流余情"，至少应该是居于美的、艺术的世界，而与那种厌憎对手的俗情不同。然而浮世绘却不免有与这样的俗情相结合的倾向，这也是不争的事实。

而在文人画的世界，即便是同样情形，光景也稍有不同。如："此程御地绘事盛，风流光景可见。竹洞梅逸等名手亦称美，亦可得广见卓识之人赏鉴。"（椿山书翰、寄予吉田善四郎）在这样的"风流"的世界，没有任何职业性的竞争，各具慧眼之士以互相发现彼此画作之美为乐，可说是纯粹的充溢着美的世界。无论某处的画事如何繁盛，亦会在互相谦让中赞美他人的长处，并由此达到和谐的境地。在文人画中，所谓"风流"，便是作为世界和谐的原理而发挥着它的意义，人的行为亦以此为导向。不过，这样的文人画也有其堕落的一面，究其原因则是因为职业文人画的横行。

那么，什么才是文人画真正的风流之境呢。如"国内有眺望富岳绝景之趣，……景色如见且风流可爱可掬"（椿山书翰，寄予柳溪）所说，南画家的风流是对清雅的自然美的热爱，但这尚不能完全表达南画独特的生活态度。从某种意义上来说，这应当是平安时代末以来流传于文人之间的普遍的风流。

桑山玉洲的《绘事鄙言》与《玉洲画趣》一道，可以说是艺术造诣堪与《山中人饶舌》并驾齐驱的画论，其中论述了日本南画的成立并对大雅堂大加赏赞："大雅遍游海内绝景，探寻其间幽趣，故可于富士、浅间、白山、立山、熊野等地皆发现意外奇态。自大雅之出，本朝之名山大泽方现其真实面目。其平生之墨法笔意，变化万端而不拘于一定之规，是皆斟酌古人之妙而不踏袭其迹，终得摆脱画家习气，自成一家。是故大雅不愧为本朝逸格之始祖，其为柳淇园所作之百老图卷与应浪华某之需所绘潇湘图卷，皆为一代杰作。嗣璨往昔熟览潇湘图卷，知其画体依稀可见李思训金碧法之精巧，却不染一丝俗气。大雅又于山水留白处以小楷亲题数百字，画中湖面波纹亦有新奇之处。大雅作此图时，曾熟读游览琵琶湖以熟观湖面渺茫之态，而后以此情趣推想潇湘湖，方得此画。此风流诚如文房清玩上的手泽一般难得。"那么此"风流"又是指什么呢？是为亲身体会大自然的情趣，在画纸上再造胸中山水，使用金碧古法而不染一丝俗气。新奇的写生，与奇石名香、文房清玩一样，须反复玩味，此方为文人画之真风流。

渡边华山在其书翰中对此种妙趣便有所说明："风流潇洒谓之

韵，尽变穷奇谓之趣，韵亦有俗韵雅韵，趣亦有俗趣雅趣，未出自潇洒风流而不得其韵，未穷尽奇变而不得其趣也。"这是他详细回答门人椿山关于画之第一要义的"风韵风趣"的提问时所写书翰的第一节，"风流潇洒云云"是清朝花卉写生家恽南田之语，以上便是华山对此语的注解。南画家所尊崇的雅韵雅趣，就是在由潇洒风流而生的气韵中，亦带有穷尽变化之下所得的奇趣。其精神与玉洲评论大雅堂的判语大体吻和。而且，在华山寄予椿山的书翰中，对于风韵风趣、气韵气运、风调写生等都有详细论说，对"风流"一语的使用，除此之外也还有如"昔时风流，不堪回忆遐想""霭子、蒋氏等人纵是好人，却不知风流为何物，此间分别，差之毫厘谬以千里，可叹哉"等。

文人画无疑是指向"风流"的，如被称为四君子的画题，也是来源于风流的精神，当然其中也包含着一些伦理的意义。《玉洲画趣》中，"若说学习唐画，唯画菊竹梅兰一类，皆因他们本来并无绘人物花鸟之能，不过是为了避其拙而行此事。专画梅兰竹菊，又从中择其一二启蒙，以追慕古人风流。自古以梅兰竹菊譬喻君子清操"，可见，这样的画题最适合展现君子高士的清操逸情。而以这些自然物作为象征的风流，与其说是道义的东西，毋宁说是在精神的意义上包含了伦理性的"风流"，应该说这是与"风流"的原意极为相近的用法。同样在《玉洲画趣》中，对文人的风流精神也有所论说，这应该说是未用"风流"一词而只阐释其精神的用例：

宋郭思有云，赏高人雅士之画，须于明窗净几焚香，置精笔妙墨于左右，洗手涤砚，宁神定气，然后始可为。……

其中的"明窗净几"之境可以说是南画家的普遍信条，竹田《山中人饶舌》中，也有类似的表达："夫晋唐以来，名卿逸士，明窗净几寄兴寓意，后人传之，以为至宝。或谓之士大夫之画，或谓之文人之笔，岂无以哉。宋宗炳画山水序曰，间居理气，拂觞拭琴，披图幽对，坐究四荒，不违天励之丛，独应无人之野，峰岫峣嶷，云林森渺，圣贤映于绝代，万趣触其神志，余复何为，我畅神而已，（畅神二字可刻为印）神之所畅，熟有先焉，盖神之畅，不专山水一途，所南之于兰，云林之于竹，亦各从其所好而畅耳。"此处"风流"似乎又无异于"畅神"。足可见得，其后漱石的风流是来源于此时南宗文人画的精神。

为了更好地理解南画对风流的推崇，特从竹田《竹田庄师友画录》中摘录其以"风流"一语品评南画家的用例如下：

村井先生，名椿，字大年，号琴山，肥后人。身服儒术，深通医理，旁赋诗作书，鼓琴评茶，论香插花，所储书画雅玩，尽为精品。置别庄于城西，每月游息六次，会素心友数人，逍遥终日。凡朋友门生所求之书，以此日挥写为例。时或作兰竹窠石，且寄余兴，虽未必工，亦以其人故，自有高致也。世多惮先生之严毅清肃，而不知其风流逸趣如此者多矣。

宫地简，号图南，土州高知府人，善诗及画。尝梦寄赠，山水清淡，似竹石道人，诗仍记一联，云：快处如诗驱疟鬼，欣然似酒破愁城。然地远人遥，各在天之一方，不能得其详，以记文采风流也。

云泉上人，住丰后府内光西寺，寺隶东本愿寺，上人一宗宿德。（中略）上人性好事，讲道余暇，博收古器秘玩，金石草木异常者，罗列左右，扶玩好娱矣。上人与含公，齿德相若，位望相同，风流好尚亦复如此，故其徒一时靡然，争响风流韵事，有他门或不逮者，好画山水，意在自娱。（后略）

水知止，字镜卿，号媚川，又号鸥梦。襟怀爽迈，风流迭宕，外柔内刚，兴之所到，无所不为，不能如世儒屑屑乎绳墨之末也。（中略）课经史，论诗词，最能书，间及一二杂画。予藏其鳜鱼图，题字潇洒有致，暇则参禅于山中白徒，斗句于海外骚客。（中略）平生游息之地，家不甚高敞，园不甚宏阔，然几榻洁净，异书数卷，安置得宜，砌下苔色四时常青，秋末冬初柿叶坠红，点缀石间，终日萧然。（后略）

蒹葭先生，名世肃，字孔恭，号巽斋，堂曰蒹葭。风流好事，推为一代泰斗，所储图书金石，凡百器玩之富，甲于海内。三都以下四方有名之士无不通交，有一技艺，苟成名者，虽僻益遐陬，亦引挽推奖焉。池大雅、谢春星二老，最相亲友，常出名卷秘册，品评鉴赏，耳濡目染。（后略）

释大含，号云华，我邑人。（中略）学问淹博，才气英迈，勃然继起，东本愿寺擢任嗣讲师，命移居京师，宣流其法，每一上堂，听徒以几千计。然为人风流，作为潇洒，平生好茶，而不好酒，初居古城每岁制茶，当其采摘焙造之时，眠食俱废。（中略）又爱兰，所储数十盆，闻唐舶载装素心兰于崎镇，差人异到，途七十里，费金若干。晨夕对玩，起卧其傍，栽培灌浇，四时调停，悉谙其法，深通其性。于是把笔描之，心与兰化，现之笔墨，凡晴之喜，雨之戚，风之翩，露之研，备尽诸态，各诣其妙。（后略）

若要详细论说南画的风流，恐怕非一本书不能说清。我故乡土佐的有名南画家中山高阳在他的《画谭鸡肋》中，也论说过五代末花鸟写生家徐熙、黄筌："古人评徐黄二人的画曰，黄筌易临摹而徐熙难复写。究其缘由，徐熙为南唐处士，才学广博，德行高拔，与俗人志趣迥异，其画自然难以摹写。而黄筌为孟蜀画史，并无多少学问，眼中所见，尽是朝廷富贵，无甚风流雅趣，画格也自然卑下，其画多迎合世人喜好，因而易于模仿。"他贬斥沈南苹"画法庸俗，画格低下"，对钱舜举则多有褒扬，认为他是"脱离了俗气，不以迎合世人喜好为要"之人。大体说来，南画家的风流与俳谐同属一道，只是南画更得中国的清冽之气。

一般来说，南画是与北宋的豪奢画风及倭画秾丽的式样相对立的，但狩野派、土佐派也并不是没有其独属的风流。狩野永纳的《本朝画史》卷四"专门家族"条项中，"狩野家累世所用画法"一篇以"翰墨游戏说"为题，篇中虽未用"风流"一语，却自得其精神，而且在对艺术诸道相关性的确认方面着笔尤多：（此书出版于延宝六年，与芭蕉《笈之小文》开篇主张相同。）

翰墨游戏说

学书 诗情 倭歌 联句 连歌 茶兴 筑假山 插瓶花

窃以，书画异名而同体也，象形字学者则画之意也，故知苏轼米芾有画名矣。诗也者无形画而画也者有形诗也。多取古人之名言秀句潇洒幽玄之趣，以布列于心中，顿见笔下焉耳。倭歌亦奇绝也，六义三体之品，皆本于心地出于言外，散而诗歌聚而成画。其支流为联句为连歌，岂是非与画术同胞哉。是故画之属也广大矣。以天地风云为生意，四时造物为气韵，尤从运气适时宜，所指此余事也。如爱茶好事，虽为俗间之逸兴，出尘表之楷梯也。至其玄微者，何爱珍器弄美馔，以为己有哉。固效鸿渐龟蒙之趣，而深留意于此，则寒夜客来茶当酒，竹炉汤沸火初红，风韵若此谁废之。或有临庭潦叠石行水，以摸旷野远山者，或有束枝叶聚瓶里，以作茂林阴郁之态像山水之仿佛者。皆自然佳趣而尽天机之所动，既而所以属予之一艺，今之业斯者，钓名誉于俗观，鲜克用心。若夫欲求真趣，则宜辨专门与游艺，参于兹可以知画道矣。

其中对"专门"与"游艺"也进行了论辨，它警醒人们，若囿于专业之道而遗失了游戏的精神，这样的道也不过是单纯为了职业名誉的狂奔而已。可见，所谓"翰墨游戏"的精神，便是风流自在的境地。"天地风云为生意，四时造物为气韵"，这样的主张与芭蕉等人也是一致的，他们坚信，此种风流的游戏三昧中包含着世界观的背景，风流则被视作了造化营为的象征，而艺术诸道便是诞生于其中。

而狩野章信的《画道传授口诀》（文政九年）是其晚年悟道之后的心境手记，主张"心体空空而不蓄一物"，自"无欲无我"中应物而动、从力而行，"杀身修业"，心术与艺术合一。而他认为，这种修道式的画业的根底，仍是"风流"。其中有言："自古画工不计其数，其中亦不乏名高而业愚之人，他们尽管其业未臻佳境，却仍极力摒除俗念而执着于画道。近来有一画工光琳一蝶，其画颇受世人推崇，但其笔意中并无令人叹服之处，也并非出于学画之用，而皆因其人气性与画中的风流之念，使得自然与人心皆聚于其画而备受珍重。"还有一些像一蝶这样的末流画工，手法笔迹或优于一蝶，却因世俗欲念过于强烈，其画作品格终不免卑下，故身后并无甚声名。狩野派尽管极重门派观念，与其他流派亦不相容，但其以心为师，终也不得不承认光琳一蝶的风流。

十

近世小说中的风流

近世小说可说是"风流"世界中极大的一个领域，其中最值得吟味的当属作家井原西鹤。西鹤的好色本全部被视作风流的近世町人化，若要全面罗列，实为不易，此处只以"风流"的用例作为例证，以求可以窥得一角。在西鹤的浮世草子中，比之"风情""风义"等词，对"风流"的使用反而相对较少，现列举数例如下：

如《武家义理物语》卷一中所说的"万人花车风流"，反映的是以贵族趣味为中心的古典式雅趣，并非西鹤独有的特色。而《本朝樱荫比事》卷三中的"诸事风流"亦为相同的用法。此外，井原西鹤的小说中还有更具新时代气息的"风流"的用法，如著名用例："万治年间，有一名为酒乐的座头，自骏河国安倍川一带到了江户，演艺以娱高门。他入得蚊帐，独自完成了八人的曲艺演奏。其后又前往京都施展曲艺才华，尤其专注于风流舞曲，并收徒授艺。"（《好色一代女》卷一《舞曲游兴》）就极具西鹤的风调了。这里的"风流"是指在歌舞音曲方面妙趣横生，在其后的《浮世澡堂》《浮世理发店》中也有使用，指的是以八人座头为中心，让美貌少女卖艺的近世艺能中的风流，与歌舞伎类似。另有一例为："某僧颇为好事，他使伊藤小太夫着舞台衣装，头戴假发，扮出女子的风流情态，以娱座中宾客。诸人见伊藤之真诚实为女子中所罕见，不禁啧啧称赞。"（《男色大鉴》卷六），则清晰地呈现出了西鹤的好色世界，作为近世歌舞伎特殊之美的风流也就此浮现。这里的"风流"即特指非同寻常的女装男子之美，相应的，《武道传来记》卷四《舞中似世姿》也描绘了伊势大舞中的"六人组风流男"，这可以说是与男装女子迥然不同的奇妙的风趣。其中，意趣生动华美的服饰跃然纸上，彰显着西鹤时代的好尚，那是自王朝末期流传而来的豪奢之美经过流变，成为特殊的元禄风时世妆，并由此盛放的风流之花。

以"风流"形容男子的用例，除此之外还有如《怀砚》等，都是使用"男风流"一词，用以形容侠客一般不流俗的生活态度，这种意义上的"风流"往往还带着一些颓废的、不走寻常路的意味。"风流"的这一用法在其后的诸多作品中也时常出现。

在西鹤的作品中也能时常看到"风流男"的用法，其含义与《万叶集》中的"风流士""游士"等大致相同，只是自然带上了近世化的特征。如《男色大鉴》卷五《泪洒纸笺》中的"风流男"，就是在村山座太夫子藤村初于东山赏樱的返途被"无情的男子们"夺走花时碰巧为其仲裁的"十郎右卫门"，他是一个有情、有才略、有勇气的谨慎之人，其后与初太夫结下情缘。小说对其从初太夫遭难的场所走出的身姿进行了详细描绘，所配插画也是一个身着黑纹便装和服的潇洒男子，其风姿不免让人想起歌舞伎十八番的助六，既有侠客风仪，又不乏艳冶之色，是世之介一类的人物。

同样是《男色大鉴》卷五的《相思燧石》篇中出现的"风流男"，则是一位与男旦玉川千之丞私定终身的男子，他在《玉川心渊集》中写尽千之丞的"四季行止"，连其身灸几点、蚤咬几处都写得巨细无遗，自己则弃世隐身于乞儿之间。其行状："夜卧五条川原，思浮生恍然如梦，不过电光火石一瞬间。他在清晨于鞍马川捡拾打火燧石，而后前往洛中兜售，卖剩的又会在黄昏扔掉，如此这般度日。"千之丞听此传闻，在一个霜月湛然的拂晓悄悄前往川原，二人虽似旧情难舍，可男子"俨然弃世一般，并不因此欣喜，反因千之丞的找寻，生出了自得其乐的日子被搅扰的不悦"，于是他从此离去，行踪不知。从前的"风流男"自此成为"隐世人"，于是"风流"尽管亦指向好色，却一转带上了洒落落的隐士风调。

而在《近代艳隐者》卷一第三话"市中风流男（浅草风流子，芝地种花匠）"中，也描写了一位与此有几分相似的"风流男"。在文中，"风流男"有几回也被称作"戏游男"，是一个"偷偷潜出父家，与浮荡妻子通好"的男子。但该男子心中却常怀烦闷，于是对一位自秋晨云霭中分拂而来的"风人"倾吐自己内心的烦恼。显见地，这篇小说中的"风人"思想带有佛教（特别是禅）与老庄的意趣，其中既包含中国式的乐天思想，也包蕴着日本式的俳人的洒脱。可以说，好色道亦投射着人间忧愁的影子，于是人们在此道中解愁释忧，获得一种乐天的态度，并于好色之上达到心境的安然。

同时也成为从人间好色之中解脱的机缘，以其到达从自然风物体悟风流的境界。由此可见，好色道也是由普通的人间愁乐所支配的，在体会人间至乐后，则会失却好色世界的真味，从而质变为归依自然的别样风流。在小说所配的插绘中，甚至很难辨别其中所说的"风人"与"风流人"到底是中国人还是日本人。小说内容在思想上尽管也缺乏浑融的深度，但若要在好色本中考察风流的思想，这部小说无论如何也是难以轻视的。而且，此后露伴小说中的风流思想，或许也可以从这里寻得幽微源流。

这篇小说中的"风流男"避开了好色世界而隐于市井之间，但也有在好色中安心立命的类型，卷三第二话"袖中留木香，嵯峨风流男"便是典型（这里的"风流男"在文中亦被称作"艳男"）。该男子为赏嵯峨晚樱，来到富家子美婢如云的豪奢酒宴，风流男责备主人的豪奢，客皆"痛悔前非"。在文中，"风流男"有时也被写作"风人"，这里的"风人""风流男""艳男"应该说是一致的。他也没有强行摆脱色道，而是在包容之上开启一种超然的悟道。这样的境地与"粹"极为相似，但它比"粹"更超俗也更具丰富的精神性。其在不囿于物，舍弃外在的一切而获得纯粹的内在自由安然方面，可说是达到了隐者式的脱俗之境，当然，其中也融汇着色道的一些特质，也正是这两种特性的交融，产生了作为此书主题的"艳隐者"。

在西鹤的作品中，也常有以"やさ（优）""たはれ（戏）"等训读"风流"的用法。如《近代艳隐者》序中有"风流男女"一

词，《怀砚》卷三《枕残拂晓缘》中有"初见风流男酒屋门十郎"的用例，《一目玉矛》卷二《金川》的说明中有"这个旅店中也有昔日的风流女"的用法（其与同卷三《御油》条中"在这旅店得见曾经惜别的风流人女招待"相类），《男色大鉴》卷三《草笠重重恨》中有"与此间风流女无缘"之句，同卷七《良家女绘中的恶与钉》中则将冈田左马之助唤作"风流者"，其含义也并无改变。"风流"的这种用法，或许便是从《游仙窟》中得来。（因为西鹤确实受到了《游仙窟》的影响，特别是在使用"风流"一词较多的《艳隐者》《男色大鉴》《一代女》中，《游仙窟》的用字与训读清晰可见。）这样看来，此种"风流"的含义主要是指向其好色的一面，这也恰与其好色本鼻祖的地位相吻合。若将好色称作"风流"，则可以说西鹤的好色本几乎全部是在描写风流的世界，事实上后来好色本也被叫作风流本。但是如前所说，也有"艳隐者"那样于好色中悟道的存在，其不仅仅是在好色中沉沦，更要超越其上，去窥探"仙皓西鹤"的风仪。（这一观点是基于《近代艳隐者》为西鹤所作的推论，当然也有人认为此作并非西鹤所写，但我仍认为其为西鹤之作。）

西鹤作品中的"风流"大抵如此，而西鹤自身也是一个风流人。在十三回的追善集《心叶》中，就有诸家对西鹤的评语。其中，湖梅的评语最为精妙传神："井原入道西鹤乃风流翁，案置兰麝，歌引钓舟，舟中四季花草应时而更，他通达俳谐，能令浦山贫家子离乳追随而来，若遇不善饮酒者则供之以美食，亦其乐融融。"而所谓"风流翁",似与"艳隐者"略有相通,却比"艳隐者"要多了些清逸,并非是西鹤笔下纯粹的风流男。不过想来西鹤立于时代的风流之中而又超脱其上,自然也会带上几分"艳隐者"的"风人"之态。西鹤"若遇不善饮酒者则供之以美食,亦其乐融融",可见他是用心之人,一部部浮世草子的问世,想来也是得益于此吧。

此外,《心叶》集中收录的北条团水序文也盛赞俳人西鹤的风流:"近来出现的井原西鹤极为多产,其势如风起浪涌一般。西鹤出自西山梅花翁门下,以俳谐之名蜚声天下,其人也,韵致迈逸,才华天启,洒然风流,放旷于世,四方有志于此俳谐之道者皆如麇而聚,受业习道。"万海的追善文也称西鹤"在无数的小说创作中赢得风流之名","其声名恰如兰香馥郁播远",并被认定为"艳隐者"的作者。也有如百丸等人认为,作为好色本作家的西鹤的风流中,也包含着教诫的意味:"残书卷卷,写尽冶郎倾城风流,亦可见教诫之意。"由此可见,西鹤的风流为人们提供了从种种不同角度解读的可能。然而作为文艺史上的现象,应该说"写尽冶郎倾城风流"仍然是西鹤给予后世影响最大的一面。(《心叶》原本已不可寻,此处所引,皆出自泷田贞治《西鹤志书学研究》及野田光辰《近代艳隐者考察》等。)

西鹤作品中也不乏"风流女"一词的出现,但伴以具体描写的仍然是"风流男"。不过,《好色一代男》中出现的知名游女实则确是一代风流女,其展露的风姿风仪可以说是女性风流的最高理想。

这与从《源氏物语》中可以同时见出光源氏、萤兵部卿宫、匂宫、薰大将那样的男性风流和紫上、明石上、六条御息所等的女性风流是一样的。而像这样于不使用"风流"一词处显露出的风流，较之于作为思想的风流而言，更多是作为感觉与感情的风流，对此加以研究，也是今后的一大课题。现暂录出畠山箕山《色道大镜》中关于色道风流的记事，作为理解西鹤好色本中风流的一个背景。

《色道大镜》作为色道经典，远比西鹤作品问世得早，我们甚至可以推定，西鹤的世界在某种程度上是受到了《色道大镜》支配性的影响。今人熟悉的《续燕石十种》是原书的一部分，其中便屡屡言及"风流"。首先，卷二《宽文格》之"衣服"条就详细论说了花街柳巷中须守的风仪。卷三《宽文式上》则对发式服饰的搭配有着考究的要求。而这样的精细入微不仅仅是对优美风姿的尊重，更让那近乎媚态的特殊姿态充满蛊惑力，自然诱发爱情。这便是游女的风流。

卷四《宽文式下》之"倾城赠客以礼"条中有言："客若厌倦，经久不至，则须送上问候，礼品常置于杉木套盒之中，盒中当极尽风流。"这便是中世所谓的"箱盒风流"。而且，礼品不单是看价值，更要让客人感受到倾城的深重情意与细致用心。而在"入蚊帐"条中有言："女郎换上寝衣后，进入蚊帐，驱赶其中的蚊子，实非风流事。而在蚊帐边角扇打蚊子则更为不雅。此皆为女郎之不可为，而应使女佣或见习雏妓为之。当其驱蚊之时，女郎须静立一旁，直待驱蚊结束，方可将蚊帐一角高高撩起，微低头进入。不过，若以团扇拂蚊，则无事。总之，入蚊帐时，重手重脚是极不风流的，当以从容和缓为宜。"之后又提到，若有蚊子钻入蚊帐，当烧之为好，即使只有一只蚊子，也不该将蚊帐放下。而对于男子而言，烧蚊亦可说是一桩趣事。据传有一名为静间的太夫，便极擅烧蚊，其每每特意驱蚊入屋内，左手注水入茶碗，右手持纸烛将蚊子烧落，堪称奇巧。

接下来的条目是对"笑"的规定："遇到有趣之事，倾城只可莞尔一笑。无论是平常的有趣之事，还是惹得哄堂大笑之事，倾城若咧嘴露齿，摇头晃脑，大笑出声，则风流尽失矣。若有过于好笑之事，当以袖覆口而笑，或背过客人俯首微笑。总之，放声大笑实为野卑之举。"这些都是为了确保倾城的品位，对于以爱与美为生命的游女来说，哪怕是些微的野卑丑恶之态，丁点引发客人厌恶情绪的可能，也是不容发生的。这不仅仅是倾城，及至她周围的整个世界也须如此。"送当红倾城回屋后，再送上七八套甚或十套女郎的衣服，衣服当搭于左袖，再以右手按覆其上"，以防衣服滑落。此时若以包袱皮包裹衣物，则被视为野卑。而且，"即使做到了鸨母，也需要保持这样的风流之姿"。可见，连同鸨母的风仪也是务须风流的。

卷六"断发篇"中论说了游女以断发为誓之事："断发之事，始于游女宫木，自此无有断绝。但在六条的时代，尚未听闻女郎断发之事。在当时，从根本来说，女子断发被视为不吉，认为对男子有损，故并不以此为风流。"

所谓色道，若说它只是追逐时髦的新事物，却会发现其中似乎也蕴含着强烈的追慕古风之意。但若说古风，它似乎也并不如何古远。但无论如何，对王朝优雅——雅——之风尚的喜好，在近世的花街柳巷中亦极为显著。我们或许可以说，近世町人是王朝贵族的再生，而花街剧场则是王朝宫廷的俗化。

卷七"玩器部"中则言及了音曲相关的"风流"。

至此所举的"风流"用例，基本都是对服饰身形之美以及风姿风度之趣致的言说，并未脱出肉体与物质的层面，与此相对地，此处则开始触及了艺能之美，然而此时比之去思索三味线纯粹的艺术意义，更多还是以"触动游客之心""催发恋慕之情"为主，艺能仍然是作为"游兴之奇器"而发挥着它的价值。可见《色道大镜》其实并不是为了追求美本身。

在"玩器部"，自三味线之后，还列举了诸如小弓、尺八、贝覆、续松（歌牌）、加留太、歌文字锁、双六、手鞠、毽子、弹贝、抓石子儿等游戏。"手鞠"条中："手鞠即以线缠绕而成的手球，近年亦有皮制手球，尽管人人可玩，但玩起来吵吵嚷嚷，还须撩起衣襟，实在难称风流。"可见其认为手鞠因喧闹野卑的特点，不免少了些优雅的趣致。

卷八"音曲部"中则论述了小歌、净琉璃、说经、船歌、蹈口说等。

西鹤之后，色道论中颇受注目的当属柳泽淇园《独寝》。在《燕石十种》第二所收录的本书序（安政五年三月活东子记）中，柳泽引用了故友云烟子的"书画谈":"柳里恭乃一代名家,以其风流韵笔洒洒落落著成随笔《独寝》,其中对画法的论辨往往出人意表,堪称通神。"《燕石十种》为残本,其中画论较少,而以色道说为主。如淇园在序中所说,其中涉及"足可为人师的十六艺",他长于诸种艺能,亦是画道大家。由于淇园原属武家,这诸种艺能之中自然也包含了武术,故而他并不是一味沉迷于风流韵事之人,但他仍作为风流人引领了一个时代。《独寝》中有言:"世间不知风雅之人该当如何度日呢,这着实让人难以理解。若不好读书,不尚茶道,不事修业,不喜美色,不知香道,不解花事,对古人墨迹书画亦无兴趣,为町人而无志于家职,为武士而不娴熟弓马剑柔之道,如此将如何获得内心欢愉呢。听琴音虫鸣三味线等金石丝竹匏土革木之音而觉与老妻粗鲁鼾声无异,这般度过一生,直至白发染鬓,岂不可惜。"可见色道亦须风雅。柳泽权太夫的"风雅"首先就属这一范畴,在太平盛世多表现为一种教养,而无太深的内涵。淇园在书中使用"风雅"而未用"风流"。色道所推崇的风雅,内容与宣长所称许的"风雅""雅""物哀"是近似的。在时间上,《独寝》写于享保十一年、著者二十一岁之时,而宣长则生于四年后的享保十五年。在文坛中,《独寝》问世的两年之前,近松门左卫门辞世。作为好色文艺,从《色道大镜》经由《好色一代男》,到八文字屋本《风流曲三味线》之后,又有《风流友三味线》问世。因《独寝》的创作略早于宣长,在思想上比之《色道大镜》与西鹤,显然其更接近于近松与宣长,书中也多使用宣长惯用的"风雅",

内容亦是充满物哀的忘我恋情。但"风雅"与本书的主题"风流"还是略有偏移，此处便不赘述了。对于《色道大镜》与《独寝》，阿部次郎在《德川时代的艺术与社会》中，参照狩野文库本进行了精细的论述，并对德川时代的色道观、恋爱精神等展开了充分考察。事实上，从恋爱，抑或性欲的美化与伦理化方面去踪迹当时的风流观，这在社会史、文化史、精神史的研究上都是颇具兴味的课题，但并不能直接将其等同于艺术思想，因此还须深入文艺作品之中展开研究。

在西鹤之后，浮世草子中所呈现的"风流"思想又是怎样的状态呢。江户时代的小说中就包含着被称作"风流本"的一大类别。《言泉》中说，不少小说如《风流神代记》《风流今平家》《风流三国志》《风流义经记》等在题名中就冠以"风流"二字，其"与浮世草子同"，并举出了"正德五年江岛屋开场白"中的用例："出自八文字屋[1]的评判本以及其他的风流本，其作者与此前皆不相同，而是新人新作。"我们尽管不知"风流本"这一名称如何的传远播广，但冠之以"风流"的八文字屋本却是层出不穷的，这些亦被称作"风流本"。现就进入八文字屋的"风流本"，去对西鹤的周边稍加考察。

据我所知，在小说书类中冠名以"风流"的，有万治二年正月

---

1. 八文字屋：江户时代京都的书店，起初出版净琉璃方面的书，至第三代八左卫门始，出版歌舞伎狂言本、演员评论记，后又与江岛其碛合作出版浮世草子，盛极一时。

复刻的如偶子《绘入风流 可笑记》。此书尽管被称作假名草子，实则属于随笔，但其中也包含了自《伊势物语》《今昔物语》等中承袭的说话、小说的要素，故此常被收入小说史中。该书原于宽永九年秋以《可笑记》为题名刊行，至万治二年附上了插画，书名亦加上了"绘入风流"之语，因而此处的"风流"或有因插入绘画而显得妙趣横生之意。这样一来，"风流"便主要指向了绘画的美与感兴，而与文学本身的内容关系不大了。事实上，就此书的内容而言，其原本就是以训诫性的短小故事为主，风流的要素本就不多，恰如题名所示，是带有"可笑"意味的。而这里的"风流"在多大程度上与此书的"可笑"相关，我们虽无法确定，至少比之"物哀"，此书的文艺精神显然是与"可笑"更加调和的。

至于在题名中就以"风流"关涉内容的小说，有山八于天和二年所著《当世风流 恋慕水镜》以及三年后所写的《风流嵯峨红叶》（又名《好色红叶重》）。这两部小说都属于好色本，而《好色一代男》亦刊行于天和二年，我们或许可以推定这两部小说为模仿西鹤之作。事实上我也仅是在《日本小说年表》中看到这两个书名，并不知现今有无翻刻，对其内容也不甚详熟。其后的元禄六年，木目长的《风流镰仓土产》问世，但其内容也已无法详知，只知它或许也是西鹤风的浮世草子。

其后，到了元禄十三年，出现了附有版权页的西泽与志著《风流御前义经记》，并在书序"大名的酒宴"中解释了本书题名的由来。依书序可知，此书中颇有几分《可笑记》的影子，当然也会给人以踏袭《好色一代男》之感，而《一代男》中又仿佛可见光源氏的面影，这样一来，《义经记》便被好色化了。一代男世之介与光源氏有着若有似无的微妙关系，而元九郎今义似乎与源九郎义经也有着丝丝缕缕的关联，应该说是一位与源家义经相似却又不同的近世游冶郎。将此书直接以"风流"命名，想来就是将好色的世界完全视为风流的缘故，至此也确立了"风流"即"好色"的观念。

关于《风流御前义经记》在小说史上的地位，藤村作博士在《日本文学大辞典》中有所解说："比之于内容，其在说话、翻案方面更具兴味。各章中所谓'其面影清晰可见云云'，会令人一一想起其翻案的传说，于是在与原传说的若即若离之间，进一步增强了小说的趣味。同时，小说在表达与描写等外在意匠上又颇为用心，如在书序中就趣味盎然，卷三其二就有净琉璃中描写私奔的场面，卷四其三在形容人形时使用了净琉璃中的词句，卷五其四中有能狂言，卷六其二中有讲谈，卷八其三使用了歌舞伎的手法，如此等等，可见作者的煞费苦心。而且，类似的手法在他的其他作品如《风流今平家》《倾城武道樱》中亦可得见，可以说他是极擅长这一风格的。尽管这些作品的文学价值并不高，但其作为这一风格的代表性读物，从西鹤短篇到八文字屋的连载的过程中始终不乏存在感，并可以轻易让人将二者关联起来，因而并没有没入历史的洪流。"而像这样将演剧的趣味融入小说的手法，也成为其后合卷本、读本、人情本等中盛行的戏作的风格，而"风流"的含义应该说也是在这个意义上体现的。在这部小说中，尽管也在写好色，但它并不是像西鹤那样直面人本能的写法，而是一种从平安时代到中世层出的"桸风流"式的趣味，但无论如何它的确符合风流之名。因此，这部小说比之于对人性的表现，更多是倾向于去表达一种特殊的人工之美的趣味。

元禄十四年，也有人推测是元禄十五年，出版了都锦所著《风流日本庄子》，描述了一位名叫友部弥市的男子的好色生活。此书有许多对好色的规劝，并以弥市剃发出家而成为一止道人作结，书中写到了弥市在四条河原身披草席入睡之后梦见自己来到嵯峨清凉寺讲道的情节，这里关于梦的隐喻大概也是此书在题名中使用"庄子"的缘由吧。而书名之所以又有"风流"二字，则是因为此书本就属于好色本，"风流"会使得好色本逸脱其原本的好色性，更增添几分超越的态度，这便使此书带上了《近代艳隐者》系列的风调。

除此书之外，都锦还著有《风流好色十二段》（元禄十五年）、《风流神代卷》（同）、《风流源氏物语》（元禄十六年）。其中，《风流神代卷》与《风流源氏物语》是分别将《古事记》神代卷与《源氏物语》的开篇俗译成好色本的体裁。事实上，自《御前义经记》以来，将古典加以近世化，并附会以卑俗的好色道的创作方式成为流行，但都锦对《古事记》与《源氏物语》的俗译更多是一种翻译，可以看出其对原典的忠实，当然这也属于古典的俗化。元禄十六年，西泽与志的《风流今平家》在凡例中便略述了《平家物语》的大意，卷数也与《平家物语》一致，都是十二卷六册，并按照平家一门的人物设定了伊丹家的人物，叙事也带着平家物语的气息，只是内容并非武家故事，而是好色物与町人物的拼合。这些小说或许也正是因为披上了古典的外衣，方才呈现出了风流的韵味。

此外，元禄十六年还出现了一部名为《好色败毒散》（又名《风流败毒散》，作者未详）的小说。这部小说可以说是纯粹的好色物，主要描写花街柳巷的风情，探究色道的奥秘，也是将"风流"作"好色"解的一个例证。另外，如《风流梦浮桥》（雨滴庵松林）、《风流甘酒》（作者未详）等也是元禄年间出现的好色本。据《日本小说年表》（《近代日本文学大系》第二十五卷）所载，《风流梦浮桥》还属于实录小说。

以上便是在西鹤的影响下，至元禄年间小说界以"风流"冠名的作品概观。关于西鹤的"风流"观，前文已有简单论述，其含义自不是唯一的，但"好色"应该说仍然是"风流"的核心内涵，且其含义是层层递进的。但是，在八文字屋本面世之前，在好色本上题名以"风流"的应该说少之又少，也尚未形成好色本即风流本的共识。

风流本的先驱毋庸置疑是西鹤风的浮世草子，但风流本的中心地带，却在八文字屋本。在元禄之前的庆安、万治时期，八文字屋八左卫门就开始刊行净琉璃本了，到第二代八左卫门（安藤自笑），则主要发行歌舞伎狂言本，继而出版一些艺人评论本，如元禄十二年三月出版的《艺人口三味线》就是最早的艺人评论本。是时，八文字屋迎来了江岛其碛，就此展开了浮世草子的出版与发行，元禄十四年八月出版的《倾城色三味线》就是八文字屋最早的浮世草子。其后，自笑与其碛协力刊发浮世草子，数量惊人，甚至开创了以京都为中心的八文字屋本时代。但到了正德三年，二人嫌隙渐生，八文字屋与江岛屋也开始对立，不过二人于享保三年又和好如初，其碛再次成为八文字屋的作者。自此，自笑与其碛共同署名的八文字屋本不断涌现。直到其碛去世之后，自笑仍与其子其笑合作，其碛之孙瑞笑亦承袭祖业从事浮世草子的出版发行。但一般来说，可被称为八文字屋本的，仍主要指自笑时代的浮世草子，也是在八文字屋本的时代，以"风流"为名的浮世草子最为多见。

而以"风流"为名的八文字屋本，似乎是起始于宝永初年署名自笑出版的《风流曲三味线》。此书为风流本，同时也是以三味线为主题的作品，其作者实为其碛。该书由三话组成，主题结合了好色与复仇，情节颇为复杂，在这一点上与西鹤略有不同，也显示出了八文字屋本的特色，但其中大尽漫游洛西双冈，听取少年歌舞伎艺人和游女迟暮落魄的故事，可以说是对西鹤《好色一代女》的踏袭。书中亦贯穿着欣赏美人艳色的风流，但它并不像西鹤的好色物那样将叙事全然集中于艳冶风流，第二话（二之卷）就有不少复仇的要素，第三话（三之卷至六之卷）则是关于淀屋辰五郎的故事。而且，此小说中不仅有沉迷于"花红叶月雪"的自然之美的风流，更有浮世草子所致力表现的反映人世间感觉之美的风流。

然而，《风流曲三味线》中所用的"风流"之语，如"那些男风流，如关寺之虎内，坂本之印平，松本之云助，膳所之鬼丸，阎魔之长右卫门，稻妻之光八等，似有可抑百千万雷鸣之力"（二之卷，第三），是指侠客一类，这或是受西鹤《怀砚》的影响。而在"那风流的操行，自是不学而知"（四之卷，第二）中，"风流"则有了更广的含义，带有潇洒雅致之意。可见，《风流曲三味线》的"风流"实则避开了"好色"，具有了更加广泛的内涵。其后出现的风流本也开始不止局限于好色，而是向着近世戏作者偏好的"雅"倾斜。

在元禄末宝永初《风流曲三味线》刊行之时，除八文字屋外，风音堂、锦文流等也分别出版了名为《风流连三味线》（元禄十七年改宝永元年）、《风流今兼好》（宝永二年）等的浮世草子。"风流"一语也随之为"好色"一词所替代，逐渐有了成为时代流行语的倾向。《连三味线》也被称为《风流数目金》，属于纯粹的好色本，是由以各地为背景的好色说话结集而成，其中有许多说话其实更像是好色杂谈，特别是最后一章，就几乎没有情节，而是以僧尼的讲释为形式的好色谈。与此相比，八文字屋本则更注重情节的趣味性，如《风流友三味线》（享保十八年刊，自笑、其碛）中就有媲美净琉璃与歌舞伎那样复杂的编排。而在西鹤风的好色物成为"风流本"的过程中，起初是保留着西鹤风的，但渐渐就带上了八文字屋改编本的特点，后来几乎与合卷、读本无有二致了。在这个意义上，"风流本"也可以说是代表着一种过渡的状态。

据《京摄戏作者考》所说，八文字屋本的作者江岛其碛是一位"骄奢放逸，于花街柳巷间耗费大量家财的风流家，他著有数百部戏作并与自笑合作出版，大受世人赏赞"。他作为流连于花柳巷的风流家，对于"粹""意气""通"等花柳巷的风流，对于近世好色的"雅"，应该说都是有着深刻体会的，他可以说是西鹤风的尾流中一位举足轻重的人物。但仍然无法达到京传、马琴的高度，因而终其一生也不过是苦守着终将走向衰颓的京阪文化。

在其碛的八文字屋本中，如《倾城传授纸子》《倾城二挺三味线》《倾城继三味线》《倾城禁短气》《倾城反魂香》《倾城歌三味线》《倾城情之手枕》等书一般在题名中包含"倾城"二字的也不在少数，这事实上也与"风流"一样显示了当时的流行，其含义则与西鹤时代的"好色"大体相当。当然，"风流"一语是具有极为广泛的含义的，但在这个时代的浮世草子中，"风流"主要还是与"好色""倾城"含义相同，这其实是承袭自《万叶集》以来，或者更确切地说是自《游仙窟》以来的用法，特别是到了近世，对"风流"一词的使用似乎不难看出受中国戏曲与小说影响的痕迹，至少可以说，其用法与中国是保持了同一的步调的。

在中国，"风流"一语的含义渐次转向好色，即《辞源》中对此词的第七条释义，是在唐代青楼狎妓中对此词的使用中。（参照"风流的原义"一章）这就正如"风流"在日本与倾城相关一样，在中国也与妓女密不可分。譬如《剪灯新话》卷二《牡丹灯记》："符女供曰：伏念某青年弃世，白昼无邻，六魄虽离，一灵未泯。灯前月下，逢五百年欢喜冤家；世上民间，作千万人风流话本。迷不知返，罪安可逃！"其中的"风流"此前亦有涉及（参照"风流的原义"一章），可解释为好色、情事。而所谓的"五百年欢喜冤家"，则是说因着前世五百年的宿缘，得今生欢喜业冤，可见以佛教的观念来说，现世的情事风流亦是前世的业果。而《牡丹灯记》主人公乔生与女主人公符女（字丽卿、名淑芳）的情事风流，亦是前世的业冤。再如《西厢记》主人公于僧院一角初逢女主人公莺莺之时，便惊叹："呀，正撞着五百年风流业冤。"（第一本第一折）《西厢记》之中也多用"风流"一词，其含义虽各有不同，但意为好色的用法也是随处可见的。如"风风流流的姐姐"（第五本第二折）中，便是以"风流"一词赞叹女子的娇态，而"风流自古恋风流"（第五本第四折）则是对才子佳人相恋的状写。再如"老夫人猜那穷酸做了新婚，小姐做了娇妻，这小贱人做了牵头。俺小姐这些时春山低翠，秋水凝眸。别样的都休，试把你裙带儿拴，纽门儿扣，比着你旧时肥瘦，出落得精神，别样的风流"（第四本第二折）中，则生动地表现了莺莺新嫁之时与闺中女儿全然不同的艳姿。应该说这样的"风流"的用法，与日本的好色本是极为接近的，但中国是否有以"风流"为题名的好色本，我尚且不查。

宝永以后，八文字屋本等中盛行将"风流"一词纳入书名，甚至成为一时的风尚，然而在浮世草子之外，其他小说品类以"风流"为书名的却并不算多。现将《日本小说年表》（《近代日本文学大系》第二十五卷）中有记载的小说种目按照年代顺序一一列举，因其中不少我亦未曾得见，故而很难对其进行详细解说，事实上我认为也没有必要一一详解，但作为了解江户时代"风流"一语使用与流行的材料，却颇为重要：

假名草子——《绘入风流 可笑记》（如儡子）万治二。

浮世草子——《当世风流 恋慕水镜》（山八）天和二；《风流嵯峨红叶》（又名《好色红叶重》）（山八）天和三；《风流镰仓土产》（木目长）元禄六；《风流御前义经记》（西泽与志）元禄十三；《风流日本庄子》（都锦）元禄十五；《风流好色十二段》（都锦）元禄十五；《风流神代卷》（都锦）元禄十五；《风流今平家》（西泽与志）元禄十六年；《好色败毒散》（又名《风流败毒散》）元禄十六；《风流源氏物语》（都锦）元禄十六年；《风流梦浮桥》（雨滴庵松林）元禄十六；《风流甘酒》元禄年间；《风流连三味线》（风音堂）宝永元；《风流今兼好》（锦文流）宝永二；《风流曲三味线》（八文字自笑）宝永二；《风流仕形舞》宝永三；《风流吴竹男》（饭山锦裳序）宝永五；《风流三国志》（西泽与志）宝永五；《风流门出加增藏（西鹤置土产）》宝永五；《风流御前二代曾我》（西泽朝义）宝永六；《风流镜池》（梅吟奥村政信）宝永六；《倾城风流杉盃》宝永年间；《风流哗平家》（八文字自笑）正德五；《义经风流鉴》（八文字自笑）正德五；《女男伊势风流》（八文字自笑）享保三；《风流宇治赖政》（八文字自笑、江岛其碛）享保五；《风流七小町》（八文字自笑、江岛其碛）享保八；《风流军配团》（八文字自笑、江岛其碛）享保九；《风流扇军》（八文字自笑、江岛其碛）享保十四；《伊势风流后三卷 爱敬昔好色》（八文字自笑）享保十五；《风流东大全》（八文字自笑、江岛其碛）享保十六；《风流哗军谈》（祐佐）享保十七；《风流友三味线》（八文字自笑、江岛其碛）享保十八；《风流西海砚》(八文字自笑、江岛其碛)享保二十;《风流连理椿》(八文字自笑、江岛其碛)享保二十;《风流东海砚》(江岛其碛)元文二;《风流返魂香》(田中氏)宽保二;《风流文评判》(由之轩政房)〔好色文传授改题〕宝历三;《风流川中岛》(八文字其笑、瑞笑)宝历四;《风流菊水卷》(其乐斋)宝历十三;《风流庭训往来》(八文字自笑、白露)宝历十三;《风流茶人气质》(永井堂龟友)明和七;《风流酒吸石》(泳镜堂龟友)明和八;《风流劝进能》(破瓦庵腐绳)安永元;《风流行脚嘶》(永井堂龟友)安永二;《风流吉日铠曾我》(白梅园鹭水);《风流东鉴》(八文字自笑);《风流略雏形》(八文字自笑);《风流倾国能言》;《风流采女物语》。

黑本[1]——《风流一对男》宝历八;《风流猫画物语》宝历十三;《风流女忠信》(丈阿)明和元;《风流酒烟草问答》明和元;《(风流大森彦七二页之前)鬼女物语》明和五;《风流矢根朝比奈》明和五;《风流和文字二十四孝》明和五;《风流鱼鸟大合战》明和五;《风流野路间玉子》明和六;《风流入山大阪丹波山》(八十七翁丈阿)明和七;《风流 位阶分田》;《风流坚田龟善恶物语》明和六;《风流妻鹿庄二王三郎大太刀》明和六;《风流安方妙药》安永元;《风流振袖辩庆》安永元;《风流夏钵木》安永元;《风流妖相生之杯》安永三;《风流奴豆腐始》安永三;《风流达磨隐居》;

1. 黑本:日本江户时代草双纸的一种,为以插图为主的通俗小说,内容多取材于歌舞伎、净琉璃、军记物等,因封面为黑色而得名。

《风流采女物语》。

青本[1]——《风流鳞鱼退治》延享二；《风流曾我》宝历九；《风流武文蟹》宝历十；《风流二人兼平》宝历十；《风流鬼瘤昔咄》宝历十二；《风流女山冈》明和二；《风流左甚五郎》明和三；《风流仁德天皇名歌宠》明和五；《风流龙宫曾我物语》明和八；《风流高日川》安永二；《风流仙人花婿》安永三；《风流女蝉丸》。

黄表纸——《风流话龟》安永四；《风流话鸟》安永四；《风流濑川咄》安永四；《风流司李暗管音》安永四；《风流者为附》安永四；《风流友世车》（东西南北）安永五；《风流化物鸣神》安永五；《风流上下排序》安永五；《风流桃太郎手柄咄》安永五；《风流新撰猜谜》安永六。

洒落本——《风流裸人形》安永五；《花姿名录》（又名《风流郭中美人集》，柿本脐丸）安永八；《风流仙妇传》（时雨庵主人）安永九；《娼妇教导 花街风流解》（大眼子）文政七。

人情本——《风流脂胭绞》（鼻山人）天保十一；《风流小田春》（为永春水）天保年间。

嘶本——《当世风流 地口须天宝》（长琴子）安永二；《风流话龟》安永四；《风流话鸟》安永四；《风流童绘嘶》（弥生庵雏丸）天保十三。

---

1. 青本：日本江户时代草双纸的一种，较之黑本，其内容更多取材于现实世态，封面黄绿，故此得名。

滑稽本——《风流准仙人》（鹤步道人）宝历十；《风流志道轩传》（风来山人）宝历十三；《风流戏注 百人一首虚讲释》（翠干子序）宝历十三；《风流初绽梅历》（好谈相传）明和三；《风流睟谈义》（云水坊）安永三；《风流浮世竞》（风落著山人）安永三；《风流田舍草纸》（十返舍一九）文化元；《风流稽古三弦》（古今亭三鸟）文政九；《风流俄天狗》（村上杜陵）天保三。

合卷——《风流富士板绞曾我》（南仙笑楚满人）文化六；《夏清十郎 风流伽三味线》（山东京传）文化六；《五情染分 风流五色娘》（山东京山）文化十；《吉原风流 堤雪水仙丹前》（山东京山）文化十一；《风流女丹前》（志满山人）文政五；《浮世一休花街问答》（又名《风流牡丹灯笼之记》，柳亭种彦）文政五；《东风流妹背鞠呗》（晋米斋玉粒）文政八；《风流烈女传》（墨川亭雪麿）文政十二—天保三；《风流伊势物语》（东里山人）天保九。

读本——《风流狐夜咄》（丰田轩可候）明和四。

这些作品虽然在题名中都出现了“风流”一词，但真正以内容表现风流精神的却并不多。也就是说，到了江户中期，“风流”一词似乎已经成为一种惯见的套话，很多时候甚至并没有附带任何特定含义。对于这些作品，现择取其中人们相对熟知的一两部详解如下：

永井堂龟友《风流茶人气质》（收于《帝国文库第三十编·气质全集》）是一部描写茶人风流的作品，按说应该可以对风流思想的展开产生重大意义，然而细读之下便会发现其题材虽取自茶人的世界，但就其艺术性与内容而言，毋宁说不过是对一些表面装作茶人，实质却是无甚风流的俗人生活的观察，作品也并不是以表现"风流"的精神为主旨的。这样说来，此书若只以"茶人气质"为题名也未尝不可。而在书序中："夫长幼有序，朋友重信，乐谈正事，皆为茶道之利。利休居士之书有言，若后世茶道转向奢靡，风流必至异端。"其中披露了那些因走向异端风流而堕落的茶人行为，也包含着宣扬正向风流的意图，并不乏对此的情节描写。例如卷之五第一话"七十隐居一两日"中，就有利休的幽灵现身讲说"诚信之茶汤"的情节，但这对于整个作品而言仍然不过是"聊度闲闲春日的一个笑言"而已。再如卷首所说："以茶事相交，尤为风雅，此为朋友则当重信之故。乐于清贫，富则好礼，听圣人之教而悟道。然观当世茶人，往往难当风雅。"其中也表现出了作者对茶人误入风雅邪道的警惕，而后的落笔点却主要是在赝品暴露之后的滑稽丑态，给人一种茶道全凭器物之感。故而无论是描写的对象还是作者的精神，事实上并无风流的内涵。此外，"风雅"一语在作品中也常常出现，主要用以传达茶道的精神。而"风流"一词事实上除了序文之外便几乎再无使用了。可见在这部作品中，"风流"的真正含义其实是逐渐转为"风雅"，而对"风流"的使用却又偏离了其本意，故作品时常以"风雅"一词表示茶道的雅致。如："孟子曰，饱食暖衣逸居而无教则近禽兽，常思此言而不敢忘。人有道而自贤齐，居富贵而淡美食，好衣饰而失雅致，唯去除华美方可得茶之真味，风雅益盛。"（卷之三、第二《茶道难入门》）此为其中一例，然其并未显示出将既有的风流思想推向新境界的可能。

再如风来山人（平贺源内）《风流志道轩传》也是广为人知且颇具特色的作品。该作品是由一位名为志道轩的老人过去的经历连缀而成。作品中，志道轩在江户浅草地内以战争故事汇集众人，向他们讲述猥杂滑稽的故事，常冷眼讽谤世人。实际上，志道轩是享保年间真实存在的人物，是一位街头说书人，风来山人则是借他表达自己的人生观。风来山人笔下的志道轩，是浅草观音之子，小名唤作浅之进，俊美非常且精通各种艺能，聪明伶俐却有短命之相，故此双亲只得令其出家。然遇风来仙人，仙人道：佛法"不教多智之人"，他本就是为救天资远胜众人的浅之进而来。浅之进由此开悟，请求仙人教导，仙人答曰：现为治世，兴剑戟之道恐有逆天而行之罪，以艺起家方为正道。然世间俗人所称之艺，如茶汤、插花、围棋、将棋、射箭、蹴鞠、尺八、鼓、太鼓之类不过小儿把戏，唯有学问、诗歌、书画为当学之艺，然学之又恐沦为腐儒之流，以艺能矜夸更是无益。而以诚为道则可超脱俗人，其后则不外乎或弃世，或为世所弃。而"以滑稽为道却可融于众人，而后方可引导众人"。然浅之进年轻时尚不精于人情，仙人予其一神奇羽扇，自此得获"往来于天地之间而知诸国人情"之术，即知"人情所至之处皆有色欲"，是为修行。

此为卷一，其余四卷则叙述了浅之进与吉原游女、堺町汤岛男娼、下等妓女的交游，巡游诸国花街的情状，以及遍历大人国、小人国、长脚国、长臂国、穿胸国、唐土、女护岛，精通色欲、知晓人情的状态。其情节与《好色一代男》颇为相似，然而因其对好色道的体验并不是最终目的，在这一点上到底与西鹤不同。这样一来，作为遍历谭的警拔性以及在讽刺思想上的深刻性，便也与西鹤不同了。或者说，《风流志道轩传》更接近于滑稽谭。然其中也寓含了风来山人独特的人生观，其与标题中的"风流"密切相关，这也使得这部作品成为不容轻视的佳作。

在作品中，浅之进最终与唐人一同漂流到了女护岛，并在那里经营起了男郎馆，直至唐人悉数离世，唯有浅之进得到浅草观音加护，悟得世间真味。其时，风来仙人现身，讲说"君臣父子夫妇兄弟朋友五道"，主张"乃存于天地之间，而不越圣人教言之上"。这个结尾也完全表露了作者的人生观，不难看出，风来山人所主张的，是摒除佛教与好色之道（女性）后吸纳部分儒教的日本主义。但同时，这一方面反映着江户时代的思想，一方面却又并未能迎合当时市民的好尚，于是权宜之下，作者便借此滑稽谭的方式向俗众灌输自己的观念。

在风来山人的思想构成中，显见地存在着尊皇精神与爱国思想，可以说这在文中是随处可见的。比如文中便有浅之进在唐土之时因窥视宫女闺房被困，于是受唐帝之命窃取富士山模型，在前往日本途中，触怒日本诸神引得神风四起，遂漂往女护岛的情节。在这一尊皇爱国的精神之下，也有儒教道德观的支撑，这些都是风来山人思想中极为坚实的成分。但作者并没有对此加以正面宣扬，而是以滑稽的手法、通过志道轩漠然人世的态度表现出来，确是怀才不遇的鬼才平贺源内的特征。而且，从表面来看，此书实为具有滑稽本风格的戏作，同时又以色道作为主题，故而呈现出了好色本的风貌。想来这也是书名中出现"风流"一词的因由。

到底何为《风流志道轩传》中的"风流"呢？我们只能循着书中此词的用例加以探寻。

> 浅之进此入吉原，初试男色，方知比之堺町，竟别有一番风流。（卷之三）
> 尽阅诸国风流。（同）

以上的"风流"用例，均是指好色世界的趣致，也是对好色之美的表达。这样看来，书名中的"风流"或许就是指此传记从始至终对好色世界的经历。即便脱离这部作品，也可以看到风来山人将"风流"与好色相关联的用例："且说当世不解风情之人，只知烟花柳巷，却不知深川之风流，实在滑稽。"（《吉原细见 故里织田卷评》）可见，此处的"风流"并不是单指好色，更多是指向了围绕好色而生的种种风情。故此我们或可推断，此种"风流"，便是隶属于由好色本转向风流本的浮世草子系统之下。

此外，风来山人也有将"风流"用于好色之意以外的情况。《诽草》中，有"箭囊之上梅花的风流"的词句，这样的用法便与古时的"雅"极为相近了。而《风流饼酒论》则认为，即便是在与好色、"雅"的世界无关之处，亦有风流，这也就是说，以滑稽的方式展开的讽刺与戏论，亦为风流。可见，风来山人的"风流"，包含着一种幽默的"雅"，而这个意义上的"风流"，也存在于《风流志道轩传》的全文构架之中。

除了这些在题名中出现"风流"一词的作品之外，以"风流"作为章节标题的作品也有必要列入探讨的范围。如前面提到过的《御前义经记》后编《女大名丹前能》（西泽与志作、元禄十五年版）卷之二第一话的标题即为《风流纸子实盛》，在这一话中，姬君因倾慕画中美男而遍求与画中人相仿的男子，而在因沉迷男色、身着男装的姬君身畔，又有一位恋慕着她的老人，也正是这位老人以老朽之身模仿在原业平乘势而入的姿态，堪为"风流纸子实盛"。而在这一好色的"风流"之中，又包蕴着些许雅致的成分与幽默的感兴，但作者并未将其宣之于口。

再如《别关东恋恋衣袂》（抔冈仆作，宝永五年版）卷之四，就是由三话以"风流"为题的篇目构成的。这部作品围绕着歌舞伎艺人中村七三郎展开。第一话《风流梦中丝樱》写的是七三郎昔日交游的妓女高桥出现在七三郎梦中，于六道之中择入妓女苦界，执迷妄念的故事。第二话《风流恋慕初樱》则是写姬君痴恋画中七三郎身姿，于是侍女应机而动，将木偶戏中的俊美演员假扮作七三郎的情状。而在第三话《风流伊丹熊谷樱》中，伊丹的富豪清春请出七三郎，方使得恋慕七三郎的大坂屋朝雾得以倾诉苦衷。可见，无论哪一话，描写的都是意趣盎然的好色世界，标题中的"风流"一词想来也是得因于此。但在此作中，就像卷一《当世老木迟樱》中包含"当世"一词一样，在其他各话中也有类似的词汇，比如卷二的"新版"，卷三的"今样"，卷四的"风流"，卷五的"全盛"，而且作品所有标题都出现了"樱"。由此或可推知，"风流"一词或许也与"当世"等词一样，属于当时的流行语，其中并没有多么深奥的内涵，尤其是卷四的三话标题中都附之以"风流"而其他各话却并非如此，就更可得此推论了。

若要进一步细察，好色本中或许还有不少以"风流"为题的说话，但我对说话并无太大兴趣，也就未做深入研究，此处且举其中一例作为好色本的终结。正如大西升氏《浮世与风流》（《解释与鉴赏》七十六号）中所介绍的，其不单单是好色的风流，更有对代表江户文艺特色的花柳巷生活中审美趣味的表现。如在田螺金鱼的《契情买虎之卷》（安永七年版，文政九年再版时更名为《当世虎之卷》），就是以对游女生活中方方面面风流的描写而著称的。根据目录，"第三"为"纹日[1]的风流，游的趣向，色客的忍夜，男儿的教训"，其中详细描写了女主人公濑川的装束，可谓尽善尽美。

这部作品，比之西鹤的《好色五人女》中的《姿之关守》，更具抒情诗的风调，但与近松的《寿之门松》对吾妻的描写以及调和

---

1. 纹日：江户时代，官方许可的妓院特别规定的五个节日，当日妓女必须接客，而客人也有多付嫖资的习惯。

的叙述相较，却又多了一些写实性。其中豪奢而艳丽的风流，正如大西升氏所说，确是孕育于平安末期盛行起来的奢侈与华美的风潮之中。

在此作中，吉原松田屋妓女濑川正当盛时，她原是千石首领之女，年仅十六，纯真无邪，因而作品中的"风流"里也带上了一些优雅与洁净的意味。文中还有一段对松田屋内部的细致描写，当然，描写全盛时期的妓女居室，似乎也并不稀奇，但作品中濑川所用壁龛与日常用品的规格，哪怕是在大名家小姐的居室里也是少见的。

此外，在对濑川与其恩客五乡的描写中，也用到了"风流"一语："极尽风流的闺床，蜀锦的衣着，吴绫的被褥，虾夷[1]的枕头，还有濑川流不尽的眼泪。"（第二）此为对濑川闺中的描写。濑川与私奔的恋人死别，怀着对恋人深切的思恋与五乡相交，却因恶人之故惨死，亡灵将遗子托付给五乡……应该说濑川的身上，有着相当的"哀"的成分。也正因如此，让这部作品显示出了洒落本的终末、人情本的先踪的特征，但是，"风流"一语显然并不适用于这缠绕着"哀"的人情的部分，其所昭示的反而是一种与此相对立的美。而《虎之卷》的魅力，或许就正在于其中有情动而泣，亦有滑稽而有趣之处，而在那滑稽有趣之处，便蕴含着无尽"风流"。书中也描写了五乡的冶游之事，可见花街柳巷之间的欢游自有一种风

---

1. 虾夷：日本古代对居住在奥羽地区至北海道的人的称呼。

流况味。

《契情买虎之卷》现今被收于《帝国文库》之《人情本杰作集》中，是被作为普通的洒落本收录的。洒落本、人情本主要是以江户的花街柳巷为题材，通过对花柳巷之美的描绘去展现其间的江户趣味以及文艺倾向，概而言之，这些作品所表现的，是从江户末期的颓废趣味中生发而出的"风流"。而在这些代表着江户文化之烂熟的作品中所体现出的"风流"中，也包含着萦绕在汉学者周身的中国式的风流、国学家们拟古的"雅"、以俳人与茶人为中心的中世"侘""寂""数奇"的风流，等等。事实上花柳巷的风流，亦是平安末奢华的风流与中世摆阔的风流的直接承继，也是近世町人化倾向的显著体现。

总的来说，江户戏作者的风流是以花街柳巷的风流为中心的，其表现出了感受性的、好色的特性，亦可直接引入西鹤的系统之中。但同时，其中也表现出了一种自花柳巷的风流之中脱逸而出的反风流的倾向，而这样的倾向在西鹤作品中同样存在。也就是说，在这些作品中，在对那些以好色世界为中心的町人生活加以美化、风雅化的同时，也有站在纯粹俗人立场上对人生丑恶的揭露，而像川柳、滑稽本正是属于这样的作品。再比如三马、一九的作品，其更多是对不风流的物事的描写以及对风流的嘲讽。当然，其中也蕴含着在不风流处有风流的意味，而其对世俗丑恶的嘲笑，在某种程度上也可理解为对世俗的超越，可以说这种滑稽洒脱亦是一种风流——从属于一休和尚的风流系统。另有泷亭鲤丈的《花历八笑人》、梅亭金鹅的《妙竹林话七偏人》等则显示了滑稽本最后的盛况，其在展现嘲讽俗世的洒脱的同时，也积极地构建起了超然的趣味。譬如《花历八笑人》五编的序（一笔庵主人著）中，就对鲤丈滑稽洒落的态度大加赏赞："胸中洒落如光风霁月，不贪恋俗物，实为游于风流的洒落之人。"可见，在滑稽本的作者中，也不乏这样拥有洒落落风怀的人，这又何尝不是一种风流呢。

不过，滑稽本的作者一般来说也会将风流加以戏化，因而滑稽本中基本看不到一本正经的风流。例如泷亭鲤丈的《人间万事虚诞计第二编》便是如此。此书原是式亭三马的《人间万事虚诞计初稿》的续编，旨在揭露人间的种种虚伪，起初是描写一些虚伪的场面，到了最后则直书人心内在的丑恶。作者一方面认可诗意的风流雅趣，同时也擅长描写散文式的人间俗情，可说是将满腔同情寄托于"风流"的世界。三马在《人间万事虚诞计》的自序末尾的署名为："文化十年癸酉肇春开市，于同九年壬申五月江户本町小筑欲心深处执笔 式亭三马戏题。"此处的"欲心深处"与南画家在自己住居所题写的"天香深处"不同，其标彰的更是一种自嘲谐谑的态度，不难看出这种幽默表达之下的超脱的风流，但若说这种超脱的结果能够上升到怎样的高度，却也不过是确保戏作者自身能够获得自由而已。从这些"欲心深处"的作家们那里，我们无法期待他们贡献出更多的风流。三马在此书开篇还曾说道，读者若能通过此书悟得人间的虚伪，便不至身陷迷局了，他称之为"捷径的教谕"。而这样的教训意义，也不过是戏作者们常用的"劝善惩恶"的套语。可事实上，若想从这样的戏作中获得深刻的教训与真正的风流，恐怕都是困难的吧。江户时代的艺术，一方面确实展现出了高度的风流，芭蕉、池大雅即是其中的最大道标，但另一方面，对这样的风流冷眼视之的"欲心深处"之人也并非少数。可以断定的是，三马也并不是"欲心"深重的人，但他摆脱"欲心"的倾向性同样是稀薄的，其结果就是读者被蒙在了其戏作者式的嬉笑中。

面对人间的"欲心"，西鹤是凝视之、嘲笑之，而后将自己从中抽离而出；而漱石则是在自我内在确认着人间的"我"与"私"，而后对其加以否定并追求精神上的无限。与他们相比，戏作者终究只是戏作者。

明治大正小说中的风流

—— 以镜花《风流线》与虚子《风流忏法》为主

在明治大正时期的小说戏曲中，题名出现"风流"一语的数量颇为可观。现以改造社版《现代日本文学全集》别卷《现代日本文学大年表》作为材料，对截至大正末期之前出版的作品加以探讨（露伴的作品除外）。《现代日本文学大年表》较之高木文氏所著《明治全校说戏曲大观》来说所收作品更为全面，对之亦有所补正。当然其中也难免会有疏漏，我也很难保证完全确切。在明治大正的六十年间，号称共出现作品三万部，与此相比，其中以"风流"为题名的作品实在不能算多，尤其是进入大正以后，作品的取名方式也应时而变，像"风流"这样传统的词汇几乎被弃之不用了。

《风流浪花尘》（风籁山人）明治十七年九月；《风流京人形》（红叶山人）明治二十一年五月；《元祖风流柳语志》（石桥忍月）明治二十二年十月；《风流狂言记》（眉山人）明治二十三年九月；《风流乞食》（欠伸）明治二十四年；《（探侦小说）风流医者》（哀

狂坊）明治二十六年四月；《风流占卜》（涟山人）明治二十六年八月；《风流新狂言记》（眉山人）明治二十六年十二月；《风流于市》（浦浪太夫）明治二十七年二月；《风流极彩色》（青叶内史）明治二十八年二月；《风流武者》（前田曙山）明治二十八年八月；《风流卖废纸》（水谷不倒）明治二十九年一月；《三日风流》（平田秃木）明治二十九年八月；《风流鸭》（桂滨月下渔郎）明治二十九年八月；《风流蝶花形》（泉镜花）明治三十年六月；《风流扇手拭》（福地樱痴）明治三十年六月；《风流娘》（广津柳浪）明治三十年八月；《风流新家庭》（田村松鱼）明治三十三年一月；《（脚本）风流争风》（山岸荷叶）明治三十三年七月；《风流后妻打》（泉镜花）明治三十四年一月；《风流学士》（中山白峰）明治三十五年八月；《风流人》（寒川鼠骨）明治三十五年十一月；《风流线》（泉镜花）明治三十六年十一月；《续风流线》（泉镜花）明治三十七年五月；《风流士官》（广津柳浪）明治三十七年八月；《（脚本）盂兰盆舞风流》（高安月郊）明治三十九年七月；《杀风流》（斋藤紫轩）明治三十九年九月；《风流忏法》（高滨虚子）明治四十年四月；《续风流忏法》（高滨虚子）明治四十一年五月；《风流菩萨》（渡边默禅）明治四十三年三月；《（脚本）风流东人形》（森保野浦）大正七年六月；《风流忏法后日谭》（高滨虚子）大正八年二月；《（戏曲）义政风流记》（伊藤松雄）大正十二年十月。

　　以上三十四篇，加上露伴的七篇，也就是说明治大正时期题名中包含"风流"二字的作品，共计四十一篇。除过如《三日风流》

这样被认为是随笔或纪行的作品之外，再加上《风流尘影记》（平田秃木）（《文学界》十六号）之类的时文，作品数量还会进一步增加。若要对其一一细究，实在过于冗繁，因而只就其中的主要作品加以考察。其中最受关注的当属砚友社一系的作品。

砚友社的风格，与露伴颇为不同，其属于继承江户风流传统的有力流派，但我并不准备围绕这一点展开论说。犹记大正八年，我尚未从学校毕业就受命在东京帝大讲授维新后的国文学课程，其时，最先需要克服的就是红叶，于是整个夏天都投注于《红叶全集》的研读，几乎耗尽全部精力。但我终究是不擅长红叶的研究，对其风流的精细论说便只能留待他人了。在红叶的作品中，也有像《风流京人形》这样题名中出现"风流"的作品，但这部作品只登载于明治二十一年五月《我乐多文库》的第一号至第十八号，并未收录于旧版全集之中，因而已无法找到原文。而《风雅娘》（明治二十五年五月《新著百种》第三编附录）不过是红叶早期的稚拙之作，写的是和服店家子用一轴芭蕉绘卷俘获热衷俳谐的美人，却于新婚之夜为听杜鹃啼鸣而彻夜不眠的故事，作品以男子苦于新妻的风雅之心作结。

而在《醒草》卷一中，红叶以《风流妄语》为题，写下了诸如"阿哥要来的夜，鸡子酒熏人欲醉""私会的夜里，这擦拭清涕的绯红绉绸""别路上，这滑冰般无法停歇的忧愁啊"之类小说式的恋语评释。这里的"风流"，很难明确分辨其是指恋爱抑或俳谐的风趣，或者更多当是两者的结合。

通观泉镜花的小说戏曲，题名中出现"风流"一语的，有如《风流蝶花形》《风流后妻打》等，但其中最著名的当属登载于《国民新闻》的《风流线》与《续风流线》。"风流线"一词到底得因何处，作品中并未出现，也未说明，只能加以推察。

在这部作品中，因北陆线需要铺设至金泽，而金泽当地被奉为活佛的巨山五太郎实则极为伪善，并与残暴官宪多有勾结，于是北陆线的工事总监督水上规矩夫及其手下的工人集团"风流组"便对他们发起了颇具浪漫主义色彩的挑战。水上深感乡里自然风光虽则美如神媛仙妃，又如恋人一般令人思慕怀念，然而当地住民却因循守旧，嫉妒心极强，阶级甚严，傲慢且利己，而且士族根性顽固，对家乡只知一味夸耀，怠惰无耻，身上有种种不堪与丑恶。他为了消除这一切丑恶，于是破坏他所热爱的山川，打算将"两条铁道线"引入这片土地。水上通过精细的测量，在地图上画出"两条红线"。红线"贯穿北陆一带的土地，终点就在金泽的停车场，而这个停车场正是工事总监督的旧邸，只是现在成了一片空地"。（《续风流线》三十七）由此推测，"风流线"中的"线"或许就是指铁道线，也或许是指"风流组"的工人们拉开的战线，当然也有可能是那条地图上的"红线"，这一切都只能推测了。

但这样一来，题名中的"风流"又是因为什么呢？就像作品中屡屡描写的那样，水上手下工人们的外褂上，都印着"风"或"流"字，"风流组"也是从这样具有挑战性的宣言中得名。而为"风流组"取名的正是工人的头领屋岛藤五郎。屋岛原是军籍，之后做了体操老师，是一个精通各种技艺的人，他在水上的帐篷上装了绿旗作为呼叫自己的暗号，拉动旗杆上的装置，旗子就会飘动，绿色在空中尤为显眼。他辞去教师的职务，"作一些蹩脚的和歌俳谐，亦是喜不自胜"。而且，他在妻子离家出走后也不去找寻，还是工人们在金泽的镇子上发现了她。自此以后，他在工人们中间也有了"风流"的名声。而在施工中，水上那里的红色旗子飘动，七夕时，三四十艘装点了秋花的七种船只泛波于手取川，工人们将竹子削成短片装饰河滩，并写下七夕的诗。在这个团体中，还有名为阿龙、阿露、阿松的婀娜女子，就连总监督水上也会因他恋慕的美树子被巨山夺走而发怒，而侯爵之女阿龙则是这个团体的女神，有人传言她为爱投身了严华瀑布，也有人觉得她在默默等待着与山中青年村冈不二太成婚。在铺设"风流线"的"风流组"中，普遍弥漫着这样一种可被称作"风流"的美的空气。然而，为了表现这种程度的风流便结成风流组到底不免煞费介事。说来这种程度的风流不过点缀而已，就如屋岛精通各种技艺，再如似从诗歌俳谐中择取并印于外褂上的"风"与"流"，都只是催发一点情趣的浅显思考。但我认为即便是轻浅的思考，亦是无妨。

不过也有评论家们并不重视"风流线"这一题名，但即便如此，他们也不能否定镜花与风流之间存在的某种深刻联系。而我认为无须拘泥于这一题名，此作本就是镜花的一大力作，亦是一部杰作。（正如《明治大正文学全集》镜花篇卷末作者"小解"中所说："此作实属呕心沥血、励精恪勤而成，从十一月至翌年一二月间，几乎每晚彻夜疾笔。"《日本文学大辞典》中，水上、平松两位评论家评论道："此作确是作者杰作中的杰作。"）正因如此，我更想去探明此作中"风流"到底是怎样的存在了。

首先可以确定的是，"风流"一语除了上文提到的部分外，作品中几乎不曾使用，只在描写女主人公之一芙蓉馆夫人美树子时，有："唯今，夫人因幸之助之风流，而于声名、操守有碍。"（《续风流线》五十四）这说的是一位名唤阿妻的女子为救丈夫，让自己的弟弟幸之助悄悄进入芙蓉馆与夫人密通之事。幸之助在作品开头就曾出现，是一个不满二十岁的美少年，还是个有名的鼓手，因此，这里的"风流"，应是指俊美的容色兼之优秀的艺能。再将此与前文所引用的混堂的风流相结合考虑，不难看出镜花作品中的"风流"，首先是在这样普遍意义上使用的。

在内容上，镜花作品对此种"风流"意蕴的呈现可说是不输近世任何一部作品。他那种满溢诗趣而又极尽艳冶的文章，实际上就代表了明治大正的风流。但相对来说，镜花却极少在作品中使用"风流"一词，而此种"风流"的情韵，他往往是用"风情"一词替代的。《风流线》亦是如此，在许多需要使用"风流"的地方，他都代用了"风情"，主要是对美人丽姿的描摹，对自然风物的赞美。

在《风流线》中，取缔风流组的官宪表面上看是正义的，实际却利用权力与伪善家巨山勾结获取私利，而表面上看似恶霸的风流组，却表现着作者诗性的正义。我们从中可以看到流贯于镜花人生观之中的浪漫的反讽。巨山在慈善的美名之下，将数百个贫困者收容在"救小屋"，并给他们工作，却夺取他们劳动的成果，事实上属于虐待，他在秘密写下的手账"救小屋非人控"中，将那些贫民以"马之部""牛之部"，以及其他的"猫""鼬"等各种不同的牲畜分类，自己却装出村夫子一般质朴的模样，表面上与贫民喝着一样的粥，实则在湖畔的别庄极尽豪奢，并在如同船舱一般的宅邸密室屡屡侵犯美女。村冈这样的挑战是对假装真诚的伪善凡俗社会的挑战，是故作暴恶之后对清冽而诗意的风流精神的宣扬。这种诗意的正义从俗众的信仰角度去看反而近乎于暴恶，俗众的道德中是缺乏真正的善的。恋慕村冈的阿龙自己在巨山的手账最后加上了"辰之部"，在其中写下了自己的名字，以期羞辱巨山。巨山列入牛马部的那些人实际上或许就是真正的人，而阿龙因受巨山凌辱踢倒灯火被烧死在芙蓉馆的密室中。"因有人道"而不能为所欲为的人，丢弃人道于灰烬中毁灭人生，其后追求清澄的世界。阿龙对村冈在山中的决议如是解释："终究就是这样吗？想生也不得生，想死又不能死，不管是内心，还是事业，都糟透了，于是成了恶人。恶人就必须被毁灭，不管是天，是命，是神，是佛，是人，毁灭恶人的，一定是善人，如若不然，便只有神佛了。所以在那里，他们想成佛。简单来说，在气候越来越闷热的时候，起一阵风，下几场雨，人们便会膜拜太阳了。"村冈听了她的话，笑着答道"自是如此"，阿龙亦能如可爱小儿般爱娇，实在令人畅快。（《风流线》三十一）然而，这样侠气的阿龙最终却与巨山一起烧死在了罪恶的芙蓉馆中。其后便有了这样的传言："芙蓉馆化为焦土后，成了一片美丽的岛屿。在那杨柳低垂处，有红雀穿飞，在那岩石高耸苔藓青幽处，有白鹭栖息，晓雾中有马驹嘶鸣，夕阳中有牛羊成群。但若镇上人摇橹靠近，船只便会被翻覆，这才知这浪里有白跳水怪，岛上有禽兽女王。"（《续风流传》九十一）在以诗意的正义碎尽人生之恶后，方会显露出镜花的浪漫的世界，那是世人无法靠近的诗意岛屿。而将村冈与阿龙当作男神女神去信仰的风流组的精神，不正是这样一种别样的风流吗？

而这也不难让人想到漱石的风流。漱石所希冀的风流之心是要摆脱人为虚伪的穷巷，返还玲珑无垢的自然怀抱，他的风流中还伴随着激烈的社会正义感。社会之恶以及作为恶之根源的人的私利私念，于诗人而言都是不堪忍受的苦恼种苗，而且，当现实社会阻碍对这种恶的剔除时，诗人对清澄世界无可归依的憧憬，就只能飘往诗意的缥缈之境了。漱石则能够将风流作为浪漫的憧憬并与之并行，他直到最后也没有放弃在其小说的世界中思考作为现实之救赎的"则天去私"。而镜花则是有意识地不去直面现实生活。

我无法像研究漱石那样去全力投入镜花的思想研究，但可以确定的是，镜花是极富诗人风格的作家，同时他当然也是小说家。当我试图探寻《风流线》的意匠之时，才意识到，他的作品中其实也存在着一些没有被完全风流化的要素。

这部作品的主人公到底是谁？巨山等人是反面角色，风流组的中心人物是水上工学士。当然，这部作品颇具《水浒传》的风格，出现了一个又一个各具其能的有趣人物，但中心人物似乎仍然是水上。在某种意义上，比之水上，他的友人村冈似乎更具哲人气质。村冈在作品中是宛如镜花思想的代言人一般的存在。但风流线的设计者是水上，村冈为了支持他而加入其中。正如前文所说，村冈是拥有自己独立人生观的人，他也正是为了贯行自己的人生观而选择了自杀，因此可以说他绝不是为了水上而存在的。风流线所指向的，便是水上的目标，其未必与村冈的行路相合。而作品通过村冈与阿龙塑造的浪漫梦幻的世界观，即便不能说是次要的，却也仅仅是作品的一个方面。那么，水上自身的思想又是什么呢？

水上是一个鲜少表述自己的人，实际上也并没有主人公应有的活跃，他的思想，我们也只能从其友人唐泽新助的介绍中得知。依唐泽所言，水上铺设铁道的念头是为了发泄对故乡的不平与怨恨："那是不为治世，也不为守护，一心只想斩仇灭敌的精神囚笼。"（《续风流线》三七至三九页）可见，水上的精神中尽是破坏的因子。于是，水上默许了部下工人们的复仇暴行，凭借村冈、阿龙等人的助力，达成了目的，开通了铁道，并让伪善的仇敌巨山与暴虐的官权自取灭亡。水上的思想中，并没有村冈那样的宗教心，也没有阿龙那样梦幻的意气，与其说他具有社会正义与道义，毋宁说是敌忾心与憎恶心这样全然感性的东西更为确切，因而我们说，他也是诗性的。水上为达目的，即便自己不行恶事，也默许了恶行，很难说他是个完全的正义之士，但是他活到了最后，成为了足可撼动现实世界的存在，就这一点而言，他与其他的浪漫主义人物全然不同。小说也对以他为中心的工人们与官宪的血腥争斗津津乐道，使得激烈的力量感贯穿全篇。水上是极具意志力，也极为现实的、社会的存在，他的身上缺乏哲学的、宗教的思想，却充溢着科学的智性。在这一点上，他具备一种近乎散文式的精神。《风流线》也因以此人为中心人物而带上了一种社会小说的风格，给人以规模庞大的印象。在某种程度上，他就像伪善的村夫子般的巨山一样，过着以世俗意义上的善良质朴为理想的人生，与那些生活在美好幽玄的诗意空气中的人物截然不同。为这样的水上冠上"风流"之名，似乎让人难以接受。

话虽如此，在水上的身上，还有一面是我们不能忽略的。那就是他为夺回美树子反抗巨山的一面，他与部下一同努力从芙蓉馆夺回美树子。这虽不能说是村冈与阿龙、美树子与少年幸之助之间的那样柏拉图的恋爱，但仍有几分诗意和传奇色彩，这是不争的事实。但是相比于对美树子与幸之助间的爱极尽精细描写、毫无缺憾地发挥出了镜花的特色，作品对水上的爱恋着实轻描淡写。水上认为是美树子变心抛弃了自己，似乎对她产生了些微的反感，最后在美树子逃出别庄来到水上身边时，水上将从前自己做给美树子的充满回忆的莺笼扔到了沙滩上，他愤怒的情感笼罩着美树子，他的愿望就如作品所写，"只想快快完成北陆线"，他"就像绘图那样极度沉着地确认道"。（《续风流传》九十）美树子因此深知这爱恋终究无果，于是用鼓带自缢。水上实在说不上是一个懂爱的人，即便是在面对美树子时，他也是意志坚定的、理智的，时刻显示着一种散文式的精神。这样的精神确实难说是风流的。

相比之下，少年幸之助对比自己年长的美树子的恋慕，美树子亦如母如姐如妻般对幸之助的怜爱，虽是孽缘，却并不令人生厌。事实上，这样的情爱，只会让人深感那种缥缈的诗意空气所包裹的清艳之美。这也是众所周知的镜花的趣味。但我们也不能简单地将这部作品中二人的关系视作纯粹的爱。幸之助原本是受姐姐阿妻的委托，为将阿妻的丈夫从巨山的魔手中救出，才与决意一死的巨山夫人搭话的。而美树子既然因憧憬慈善家的美名而背弃了水上，似乎就不会揭发自己唤作丈夫的巨山的罪行，让人们看到他的虚伪。但她又甘愿成为牺牲者堕入畜生道，她为救小屋的人申诉，并期待丈夫能有一丝慈悲之心。同时，她又将幸之助当作孩子，她似乎是抱有构建慈悲世界的希望。像美树子这样面对社会时展现出的纷杂动机，在文学中便类似于一种非诗性的草双纸、歌舞伎式的构思。这其中包含的内在的纠葛，也表现着某种深刻性。于是，理应代表了善与美与爱的二人，却在本不该有的爱情悲哀里，各自感受着切实的爱的喜悦，同时，在他们怀抱爱意的时候，也满怀绝望。这样的矛盾让人惊异，而作家以极尽优美的笔触描绘出的湖畔浮城的盛景又令人神往。朝夕掠过芙蓉湖面的日影，鼓的乐声，莺雀的笼，袅起的焚香，衾被的色，都仿若遥远的梦的世界。这样的"物哀"，这样萧索而又清艳的爱的气息丝丝缕缕地升腾着，最能彰显镜花的风调。也正是这样的风调，压过了其他各式各样的风流，昭示着一种独特的浪漫的风流。

这样一部《风流线》只以"风流线"为主题,"风流"的精神与其说是枢轴,毋宁说是支柱更为确切。但若"风流"在作品中并非骨骼而为血肉,或为皮,那或多或少还是逸出了其作为主题的地位。《风流线》是充斥着斗争性的,或者说其中包含着《水浒传》式的构架。但若要问这部作品真正的魅力在哪里,我认为唯有那些血肉中亦流淌着风流的部分,才具备真正的艺术性。

尽管如此,这部作品中的风流精神到底是表现于村冈、阿龙的世界,还是美树子、幸之助的世界,这一应都是问题,而且作品中,幽怪、妖艳、清丽等各色美错综交织,到底哪一种美最能代表镜花的风流,这也是个疑问。总之,我认为将这部作品视作一个风流的奇异世界去考察是很有价值的,但若要进行更为精密的论述,则需要更以镜花为主题展开。同时,镜花的此种风流,与漱石早期浪漫的风流多有关联之处,这或许也是漱石比较认可镜花才华的缘故了。

此外,对于镜花对"风流"一词的使用,我还有一点需要赘言。除了《风流线》,镜花作品题名中出现"风流"的还有《风流蝶花形》《风流后妻打》,但这两部作品的主题与"风流"并没有多少直接联系。《风流蝶花形》说的是一颇讲义气的侠义妓女菅原在诅咒杀人后,那死尸上现出蝴蝶的故事。虽然妓女的世界、侠义的气质与"风流"并非全无关系,但我认为这部作品之所以被冠名以"风流",并不仅仅是因为"蝶花形"所展现出来的幽玄风雅之美。而《风流后妻打》则是讲一青年的妻子因震惊于丈夫的放荡,带着丈夫的妹妹离开家乡前往了东京，并传话给丈夫要求离婚，其后便住在同一家旅店，每日也外出散步，一个认识青年的女子听闻了此事，愤慨非常并自己出手买走了青年的私通对象。这个女子也是讲义气多侠义的，这一点可以说很有镜花的特色，或许这就是此作以"风流"为题的理由，也或许该作题名中的"风流"并无什么深刻含义，但这样不同寻常的恋情无论如何也是与"风流"相关的。

这些以"风流"为题名的作品，包括《风流线》在内，实际上都是镜花早期的作品，或者可以说，是镜花在"风流"一词作为陈旧的语言被弃用之前创作的作品。然而镜花即便是在后来的作品中也依然使用着"风流"一词，从没有因为不再流行而弃用过。通览岩波版《镜花全集》，细查对"风流"一词的使用规律，现将其用法总结如下：

首先，用以形容喜爱自然美的心境与态度，是作品中对"风流"最多的用法。只是当这样的风流实际上并未实现反而以不风流终结时，镜花往往也会使用"风流"一词。但若仅从语词用法来说，"风流"则是指对那些景色之美，或是像露、月、松、樱、梅、牡丹、菊、莺、雁、杜鹃、蛙、虫这样自和歌俳句中承袭而来的趣味风雅的自然物的喜爱。如《钟声夜半录》（第二卷，三六页）、《行路松上露》（第六卷，二六、二九页）、《斧之舞》（第六卷，五〇九页）、《七草》（第十一卷，六八四至六八五页）、《色历》（第十三卷，三一四至三一五页）、《祇园物语》（第十四卷，二十页）、

《鸳鸯帐》（第十八卷，一六页）、《续银鼎》（第二十一卷，二六七页）、《邻之丝》（第二十三卷，五四页）、《河伯女》（第二十三卷，二二九页）、《遗稿》（第二十四卷，七二八页）、《汤豆腐》（第二十七卷，三〇一至三〇二页）、《爱火》（第二十五卷，二二四至二二五页），等等。

其次，是将自然物纳入生活之中，通过精妙的制作和构思以美化生活、赏玩自然，譬如游宴中所用物事，往往最得"风流"，再如漫步海岸的情境，亦是"风流"。镜花作品对此种"风流"的使用，有如《白花朝颜》（第二十三卷，六五〇页）、《龙胆与抚子续篇》（第二十八卷，七二至七三页）、《捣麦》（第二十七卷，九五页）等。

而在喜好自然的人之中，还包括歌人、俳人等所谓的风流人，特别是对热衷和歌、俳谐、冠句、茶道、插花、绘画等艺能的描写，会多用"风流"。当然，喜爱手球的良宽也属此列。在《镜花全集》中，"风流"一词的此类用法有《通夜物语》（第四卷，四六八页）、《风流线》（第八卷，一五〇页）、《春昼后刻》（第十卷，三二〇页）、《一方时雨》（第十四卷，四五四页）、《两面》（第十五卷，四四八页）、《昆首羯摩》（第二十卷，五五四至五五五页）、《山海评判记》（第二十四卷，四三至四四页）、《丸雪小雪》（第二十八卷，三一一页）、《深沙大王》（第二十五卷，九页）等。

在镜花的作品中，以"风流"指好色、色恋相关的用法相对来说并不算多，唯有如下几例：《南地中心》（第十四卷，三六七页）、《鸳鸯帐》（第十八卷，九七页）、《芍药之歌》（第十八卷，四〇九页）、《紫障子》（第十九卷，六一三页）、《柳之横町》（第二十卷，三八页）、《彩色人情本》（第二十一卷，一九〇页）。

而古典式的风雅——能够让人联想到类似《伊势物语》的都鸟、羽衣的传说的"风流"，也可见于《镜花全集》之中。如《白羽箭》（第五卷，五四五页）、《妖魔的占卜》（第二十二卷，二五页）等。

此外，《风流武者》（《秘妾传》第一卷，六七二页）、《花车风流》（《妖僧传》第七卷，一七四页）、《大宫人风流》（《白金绘图》第十六卷，五六九页）、《风流旅伴》（《半岛一奇抄》第二十三卷，九〇页）、《天井乐书风流》（《芍药之歌》第十八卷，三三〇页）、《风流女神》（《神凿》第十二卷，三三一页）等中直接使用到了"风流"一词。而《彩色人情本》（第二十一卷，一一八页）、《阿弇小话》（第二十八卷，五三一页）中也可见"风流"的用例。而"风雅"一词尽管与之含义相当，但在作品中却使用较少，仅《风流线》（第八卷，一八三页）、《昆首羯摩》（第二十卷，五二三页）、《半岛一奇抄》（第二十三卷，八八页）、《龙胆与抚子续篇》（第二十八卷，一二五页）等中可见对"风雅"的使用。总而言之，镜花对"风流"一词的用法并无太多特别之处，数量也不能算多。芥川龙之介对镜花曾有此评论："先生所作小说戏曲随笔等，长短错落，达五百余篇，可包纳江户三百年的风流。"（《新小说》临时增刊《天才泉镜花》）镜花当然当得起芥川如此评价，但这样的评价，显然不仅仅是因为镜花对"风流"一词的使用。

镜花之后，将传统的"风流"导入小说之中的著名作家当属高滨虚子。虚子的俳论中必然有不少与"风流"相关的内容，这不难想象，其或许也与小说关联颇深，因目前掌握材料有限，此处只能以《风流忏法》为例加以考察。此作以《风流忏法》（明治四十年四月，《杜鹃》）、《续风流忏法》（明治四十一年五月，《杜鹃》）、《风流忏法后日谭》（大正八年一月—大正九年六月，《杜鹃》）三部构成，其中《风流忏法后日谭》与前两部时隔较远，因而不免让人怀疑，在"风流忏法"的题名之下，是否还仍然保持着作者最初想要表达的东西，恐怕到了此时，这一题名已无法完全贴合最早的一篇《风流忏法》了。故此只择取最早的《风流忏法》对虚子之"风流"加以考察。

《风流忏法》共有两章，第一章为"横河"，作者以写生的手法摹写了留滞于叡山横河中堂政所之时，在无一人参拜的三塔[1]深处的孤寂以及远离浮世生活的况味。那脱俗的和尚、伶俐跳脱的小僧、款冬花台的田乐舞，此处尽是简素的生活。虚子以充满余裕的笔法，淡淡地、略带幽默地描写着这个带有俳谐趣味的世界，想来这便是虚子的"风流"了，但这恐怕并不是这部作品题名中出现"风流"一词的缘由。反而是第二章"一力"中更能体现题名中的"风流"。

1. 三塔：比睿山延历寺东塔、西塔、横河的合称。

在横河中堂窥视作者写生，并频频施以旁若无人的冷笑痛骂的小僧一念，是受祇园叔母照顾的孤儿。在与有人阪东氏举办的宴席上，作者一力唤一念入席，自称迷恋一念的舞妓三千岁不顾他人的冷嘲热讽，与一念扮作夫妇，出演了很多无邪而又艳情的场面。而作者将对这样的场面追捧有加的祇园夜的浓艳情调描绘得宛如一幅画卷，"风流"则大抵主要就是指这花街柳巷的情调了。加之以一念为中心的法筵是忏悔的，故为"风流忏法"。这也是"风流"一以贯之的含义。

故此，《风流忏法》的"风流"自然是指作品中描绘的好色世界以及那些美与爱的感官世界，此外，我们不难看出，作者的创作态度也是包含着风流的成分的。作者观照世界的态度是客观的、超脱的、未被人情牵萦的，他始终保持着俳人洒落的姿态。全篇无一处使用"哀"字，而"哦可嘻"在"横河"章与"一力"章却各有两处，每一处都充溢着明朗的笑，就如同大人注视着孩子一般，是一种超然的姿态。虚子便是这样含着微笑、怀抱着爱眺望着对象的世界，而后将其中的美生动地描绘了出来。他的作品完全看不出要替描写对象声张的意图，也没有要挤入描写对象之中的态度，只有弥漫其中的带有幽默晴朗氛围的和煦情调。这或许才是作品可称之为"风流"的真正原因。

而在"一力"章的最后，作者的笔调中更是带上了一丝潮湿的气息。在一念回来后，三千岁对他倍感同情："没了父母，真是可怜啊。为什么要来横河这么寂寞的地方呢？"祇园的夜更深了，楼中响起孩子们"好嘞"的应答声，至此，作者戛然收笔。而后在这样带着悲剧色彩的情调中引出续篇，恰是阪东氏在鸟边山毁烧昔日旧情书的夜，在火光映照下，三千岁叹道："墓旁的紫花地丁啊。"而到了《风流忏法后日谭》，这样不祥的场景成了真，十七岁就被恩客赎身甚至做了母亲的三千岁在与一念重逢后，决意与他一道殉情，他们先后进入比良山，却被烧炭人阻止。故事显见地朝着悲剧的方向发展，却并不是完全的悲剧。尽管其中包含着哀愁，却仍是个明快的世界。在分别之时，二人因情爱而倦累的心同时产生了一丝触动，这段恋情恰如让人生的水面漾起波纹的微风，而非那可以卷起狂澜的悲痛情热风暴。就像我在前文所说，这样的情调，或许逸出了《风流忏法》中"风流"的意义，但此作中所展现出的"风流"思想，还是在"一力"章的夜的风情中表现得最为淋漓尽致。

《风流忏法》在《杜鹃》刊载之后，到了明治四十一年一月，又被收入小说集《鸡头》，《鸡头》的序文是由漱石所写。其对虚子的评价为"低徊趣味""余裕派""俳味禅味"。对此，《日本艺术思潮第一卷》（六一〇至六一五页）中也有介绍。其中也论及了《风流忏法》："虚子的《风流忏法》中出现了一个小和尚，但比起描述小和尚的种种，虚子更着眼于描绘在祇园茶屋的歌与酒、女佣的红色围裙、舞伎京都风的腰带。换言之，比起小和尚的命运变迁何去何从，虚子显然对妓楼的一夕光景更有兴趣。若无意于与虚子一同玩味这光景，便无法将《风流忏法》视为佳作。"事实上在续篇之后，小和尚的命运在作品中所占比重也多了起来，但也很难说可以视之为作品的中心。特别是仅《鸡头》所收的《风流忏法》更是确如漱石所评价的那样。而这样的余裕派的低徊趣味，也正是漱石所主张的"则天去私"的重要表现，若不仅仅从描写对象的世界去理解这部作品中"风流"的含义，而可以从作者的态度去看的话，那么此作中的"风流"与"则天去私"的关联其实是显而易见的。《风流忏法》的问世，是在《草枕》的翌年、《虞美人草》的前一年，因而其中不可避免地带有时代的风潮，但我们必须看到《风流忏法》与《虞美人草》的人情主义的不同，以及其中基于《草枕》的非人情主义的东西。事实上，"风流"与"非人情"的关系应该说是一个亟需研究的课题，想要在这部作品中去寻求答案也并非全然不能。因为作品中"风流"的含义尽管主要是附着于作为描写对象的祇园情调之上，但这一对象与作者所秉持的非人情的低徊趣味以及作者"风流"人的立场是相吻合的。因而从这两重意义上来说，此作确实是"风流"的。但是，当祇园情调的"风流"与作者的态度相吻合时，就呈现出了唯美主义的好色的"雅"，其与俳味禅味那样稍显枯淡的"寂"的境界就不再浑然了。例如吉井勇的"让我醉倒的，是谁家子，是京都七夜的祇园风流"（祇园），其中便包含着艳冶的感伤，而"寂寞的时候，至少还可以回想昔日奢华风流的旧梦"（寂）中则更多是流露出一种寂寞的缠绵情思。这些情态无疑是风流的，可它与枯淡的境界却还是颇有距离的。而《风流忏法》并不单单是以风流的世界为对象的。它选取祇园小僧作为风流"忏法"的真正对象，形成了一个混淆的世界，即宗教与好色相交融的世界。这样复杂的对象，便是通过与之基本吻合却又略有错位的低徊趣味加以渲染和呈现的。故而在想要全面地论述以"风流忏法"为题的这部作品时才会发现，在这看似单纯浅淡的小品文中却潜藏着寻常叙述难以言尽的意旨。也就是说，这部作品并不仅仅是素朴的摹写与写实，而属于写生文这样一种出自俳谐的特殊而又微妙的文体类型。这部作品的"风流"之处，或许也正在于作品的韵味无法仅用"风流"言尽。就像露伴的《风流佛》是"风流"与"佛"，《风流忏法》亦是"风流"兼与"忏法"。我们可以将其视作宗教的风流化，也须知这部作品是包含着一些"风流"难以表达、无法说尽的东西的。

十二

子规的风流

　　正冈子规在明治初年文艺革新运动之际做出过重大功绩，其影响也极为深广。"杜鹃"派的出发点是以俳句为中心，却也因立场的不同出现了"阿罗罗木"派短歌，应该说催动其产生的力量并不小，却并没有引起太多人注目，但其对围绕漱石的散文艺术的出现却意义非凡。而子规对"风流"作何理解，又是如何加以表现的，这应该说是一个重大的课题。我对子规并没有太过精深的研究，对于这一问题也不能说有十分的见解，此处仅部分地陈述一下自己的观点。

　　子规对"风流"一语的使用，在其初期作品中比较多见，主要呈现出了一种尊重"风流"的思想。他在《俳谐大要》（明治二十八年）中论述了空想与写实的优劣："由空想所得之句，若非最美，即为最拙，而最美之句到底极少。（中略）纵写实景，最美之句亦属难得，但二流之句则最为多见。且写实之句，经年之后，其味存者甚众。"他认为，古来吟咏吉野、松岛奇景的俳句未必都能成功，反而是于无甚奇观的山林郊野漫步之时所得的诗材尤为珍贵。其条在尽写了冬日枯野的趣致之后说道："寒意袭来，匆忙归家，那将灭的火盆亦令人怀念，酱汁萝卜就着纳豆汁，竟有醍醐一般的甘甜，再没有更风流的了。"这里的"风流"便潜藏于卑近的生活，是一种随时等待着被诗化的美的趣致。子规认为，这样的趣致无法从煞有介事的理想与向壁虚构的空想中得出，而是蕴含在身边的物事里的。其实子规素来并不排斥空想，而是主张写实（亦用作"写生"）并不逊于空想，他提出了这样一种新的创作方式。但是，写实或者说写生并不仅仅指向事物的现实性，还要捕捉实景与现实生活中潜在的美，就是所谓的"处处有风流"。通过写生把握目的物的"风流"之美，就是说尽管空想与写实都可通向美，但正因"处处有风流"，故而未必只能使用空想这一种手法，反而是身边的寻常物事或许更是通向美的捷径。也就是说，子规主张摆脱古来诗人偏重空想之美的桎梏，而去关注并尊重写实的美。这并不是要摒弃"风流"，而是寻找"风流"的新的所在。

对于"风流"，其实在《俳谐大要》之前的《獭祭书屋俳话》（明治二十五年）中，子规就已有涉猎。在"武士与俳句"一文中，罗列了"诸侯而游于俳谐者"，而后在例举了作为武士而又颇具俳名的人之后论说道："夫弓马剑枪之上，难见风流；电光石火之间，鲜有雅情。不，毋宁说这些都是风雅之敌，芭蕉在《行脚之掟》中亦有'腰不带寸铁，不伤一物性命'之言，去来也曾吟咏'这成何体统啊，赏花人带着长刀'这样脍炙人口的俳句。虽说如此，但没有诚心的风雅容易流于浮华，没有节操的诗歌不免陷于卑俗。文学艺术是以高尚优美为要的，那么以浮华卑俗所创作的文学艺术不就了了无情趣了吗？何止，我认为没有比这更有害于世的了。"最后他还列举了武人的俳句作结。这样看来，子规认为，俳谐的风流本质是排斥杀伐的，同时他也坚持流于浮华而没有节操的俳句实属堕落。而武人的节操事实上在某种层面上又可与俳谐的精神相吻合，这就在风流与节操之间形成了一种奇妙的关联。对于这种关联性，子规此前并无明确的言说，但若全览子规的生活与艺术，其答案却是不言自明的。

在《獭祭书屋俳话》中，除了以上所举的例子，另在"新题目"一篇中，子规批判道，所谓新文明世界的人事，虽为文明之利器，却因其俗陋不堪而难以成为文艺的题材，当听到选举、竞争、惩戒、裁判等词时，人们在"道德颓坏、秩序紊乱之感外，更无一点风雅之趣、高尚之念"。由此以观，子规的写生对象并非是无差别的现实，而是具有"风雅趣味"，且牢牢根植于古来传统的根底里的东西。继之，子规在"和歌与俳句"一篇中论证了和歌与俳句的差异，和歌的境界是以"雅趣""雅客"等词加以表现的，而俳句则恰好相反，更多是贴近于卑俗的世界。相应地，俳句的世界更富于变化，但在注意到俳句长于表现奇警崭新之趣的同时，也不能忽略其易于陷入卑猥俗陋的弊端，即使是新俳句，也不该逸出传统的风雅、风流的轨道。

而在子规的随笔中若要举出一二例，首先便是《松萝玉液》（明治二十九年）中的"风流宰相"一篇了，他评论"牡丹侯在沧浪阁与老诗人集会作诗"之事："吁，此风流人，风流会，风流地，加之待遇优厚礼数周全，我等实在垂涎万丈，宾客诸人，想来亦是感激涕零。"其中的称扬羡望之情溢于言表，对于伊藤公等高居内阁之人亦未曾冷眼相看，并委婉地表露了自己想要参与其中的意愿。由此我们不难推测，子规无论处在怎样的场合，都心怀着对风流的憧憬。同样是在《松萝玉液》中，子规在写给林江左的悼词中，对众议院议员兼为俳人的江左在选举失败后闲居于西京一隅时的状态有如下描述："当时寄吾一书信尽言其困苦却亦极尽风流，皆因独以俳谐消遣苦闷。其言投身政界，虽因不擅权谋而饱受世人指笑，然一朝失败却亦能安处其穷而乐于天命者，盖为俳谐之功也。"可见，其中所说，是俳谐中蕴含的"侘"之风流。无论是沧浪阁上豪奢的风流，还是失意之人闲居的风流，皆为风流。子规可说是参悟了风流诸相之人。

在子规的作品中，细察其对于"风流"的用例及含义就会发现，其中并不乏对"风流"一语所包含的陈腐含义的使用。所以说，子规并不是在任何场合下都将此语用作赏赞之意的。但总的来说，"风流"还是昭示着子规对艺术或生活的一般理想。这对于阅读露伴的《风流佛》后颇有所感，于是尝试着写下小说《月之都》（明治二十五年）的子规来说，自是不难理解的。在明治初年，作为时代思潮的"风流"，本就是足以彰显美之理想的存在。

对于"风流"这一传统语言，若要用明治新语言进行表述，那无疑便是"美"了，对此我们阅读子规的作品便能了然了。由于子规被视为"阿罗罗木"派之祖，因其倡导写生，故而常被认为是将现实贯彻如一的人，但子规的写实实际上是通过观察现实去发现其中潜藏的美，也就是说他所追寻与把握的，不是现实的丑，而是生命的美。这在他的作品中也能找到许多例证，现例举出其《答众人》（明治三十一年）一文浅作论述：

> 文学的标准与我等的言说并无什么繁难。阅读诗文，赏鉴绘画雕刻，即可评论其美丑，此皆因评者心中存在着一个"文学艺术的标准"。（中略）我等所谓的文学，并非是立于"理窟"之外而可堪载道者。我等所谓的文学正如我等屡屡所说，若不用文学一词，则可以美文代之。

子规认为，"文学"便是"美文"，是受美的标准约束，与实用、理学、教训等截然不同，也不应包含道义方面的"载道"的意味。在《随问随答》（明治三十二年至三十三年）其"八"的答第四问中，子规首次对审美学表现出了兴趣，想要找寻丸善等人的书来读，却终究找寻未果，于是特意托身在国外的人寄来哈特曼的书，并请求懂德语的友人协助阅读，可到底不能完全理解。其后，《堰水栅草纸》登载了哈特曼的译文，子规大喜，急忙读之，也未能理解其意，只得放弃了审美学。但他自信"在捕捉美的趣味方面更进了一步"，而且那并不是基于"空论者朦胧的媒介"，而是来源于"对实物的精确直觉与美的感受"。他说道："若我需要审美学，与其似懂非懂地读一些别人的审美学，倒不如创设自己的审美学。"在去世之前，子规在《病床六尺》（明治三十五年）其"四十八"中，对实感、假感这样的美学术语提出了疑问："若不读审美学的书，便很难理解这样的概念。"他慨叹自己美学素养的不足，然"九十五"中提到，"审美纲领""为美的感情命名，是为假情"，这样一来，问题便转向了何为"美的感情"。由此可见，子规事实上并没有太多阅读美学书的能力和机会，他也因此对美学书敬而远之了。他虽然有探索美学问题的强烈意欲，但始终都是按着自己的理解进行的，这主要也是受时代思潮的影响。所谓的不读美学书实际上也是读不懂，于是只能在论坛的美学言说中汲取间接的养分，以"美"去巩固其文艺本质。事实上，这样的"美"正是西欧审美学所说的"美"，若要以传统的语言对其加以翻译，虽不十分恰切，也可译为"风流"。而子规的"写生"，又常常带着"空想"的意味，同时多伴随着"趣向"的成分，这些都不以"真""实"为终极目的，而是指向"美"的。

如上所说，子规的"写生"说是以美为目标去论说获得美的途径，那么，子规那充满挣扎的生活以及为表现这样的生活而写的随笔又是怎样的性质呢？子规的俳句、短歌的革新，确是严肃而壮烈的事业，是足以创造与发现新时代之美的举动，于我们而言，亦是一抹闪耀于明治初期文坛的异样的美。然而子规早早罹病，忍受着近乎残酷的肉体苦痛折磨，在垂死的时日里苦苦煎熬，而他用来倾诉这一切的病床随笔，也必然是一个与美隔绝的世界。如题为《明治卅三年十月十五日记事》的日记，便实在令人不忍卒读，他在日记中写道，看到镜子中自己后背的脓疱，那骇人的模样让他不敢再照镜子，而这"骇人的模样"并不单单是肉体的伤。那是连宗教也无法医治的心理重创，唯有靠着哭号嘶喊与麻醉药才能得到一时缓解，足以让阅读《病床六尺》的人感到恐惧。这真的能称得上"风流"吗？想来子规的病床苦痛自身绝算不得风流吧，毋宁说是不风流的"丑"才是。然而，这在某种意义上却又可成为一种风流，或者说是在某种意义上可以成为一种唤起大风流的机缘。我想要说的，便是在这种意义上的风流。

首先，若说子规的病痛本身称得上一种风流的话，那便是在对痛苦的艺术化这一层面而言的。如《松萝玉液》《墨汁一滴》《病床六尺》甚或更极端的《仰卧漫录》中的片段记录到底是不是属于艺术，也是个问题。但在这些记事中，子规是否怀着艺术兴味进行书写，怀着多大的艺术兴味书写，读者其实是能够从其艺术观点中感知的。在这些作品中，子规无论表达着怎样的痛苦，在表达的刹那，痛苦便可得到缓解，也正是因为表达，痛苦才得以客观化，于是表达者就有了玩味自己苦痛的感受，而读者本质上则拥有了一种类似于苦痛享乐者的悲剧鉴赏状态。这便是对痛苦的审美化，是将不风流的事物加以风流化。事实上，作为俳谐风流之核心的"侘"也是这样一种对烦苦的美化，而子规本身也赞赏前文江左追悼文中失意闲居的风流。子规晚年的苦痛主要来源于贫与病，实在算不上闲居，他是在尝不到一丝甘甜的生活中苦苦地煎熬，那是超出了

"佗"的凄惨境遇，然而不得不说，凄惨的美亦是一种风流。何况子规甚至在苦痛中晏然自若得近乎开悟，可以说是达到了一种"病苦风流"的境界。自古以来，贫的风流在"佗"的本质中并不鲜见，但体验过病之风流的人却是极少的。

　　子规的贫病之苦悲壮凄惨已极，其中完全没有我们惯称"风流"的美的、喜剧的、乐观的成分，但子规到底是艺术家，是诗人，他悟到了踏足风流世界的方法。在这一点上他与芭蕉并不完全相同，大抵就是因为子规所体验的生命痛苦尚不及芭蕉剧烈吧。我们试着跟随子规的随笔去寻迹他生活的苦楚，首先会在《松萝玉液》的最后，读到他对自己发病的回忆以及对当下贫病之苦的述写，亦有不少捕捉瞬时心境的俳句如"病窗外，木叶离离，终被雨打风吹去""伴我病痛的，是二十余日的茶花灼灼"等。子规在俳句中为病窗外一掠而过的自然风物的留影，可说是将病床风流化的明证。再如"流下的泪，就像冷了的蒟蒻，掉在了肚脐。""还活着，就要借钱受人冷眼哦。"这样的句作，读来甚觉悲惨，却又包含着一派幽默态度，能够让人感受到些微爱与笑的美。而在《墨汁一滴》中，子规在四月九日有如下洒脱的记文：

一人一匹

但将不时化身幽灵出游，敬请关照。

明治三十四年月日　某地

地水火风　公启

"化身幽灵出游"，这实在是极具子规风格的现实主义，而以"一匹"作为人的数量词，使人归返造化的洒脱，更具东洋式的俳谐的风调。于子规而言，比之对死亡的恐惧，他似乎更倾向于将死亡视为归宿。因为比起对死亡的厌恶，身体的苦痛更难以忍受。同十九日，子规写道，默默忍受痛苦是最难熬的了，反而是哭泣喊叫，还能稍减痛苦。从子规对抗病痛的方式，也可见出他外放的性格，他有时还会在病苦呻吟的尾音里，吟上一首小调谣曲，以忘记病痛。在子规六月九日的记事里，就有一段呓语记载："星落白莲池，池塘草色齐。行行不逢佛，一路失东西。"这是怎样的一种风流啊！

对子规来说，与死相比，活着更难。"人为什么要活着呢？"他在逐渐衰弱的日日夜夜里，总是闷闷于此。（《墨汁一滴》五月九日）"只要想想地狱般的夜晚，便觉无比痛苦。"这样巨大的恐惧总会在高热的苦痛下抬头。（同十二日）他甚至也想过要放弃生命的时候："我曾试着在枕下放了些毒药，然后无数次犹豫着要不要吞下。"（同十一日）（根据《仰卧漫录（一）》的记事可知，在家人不在的时候，他是起过自杀的念头的，他并不怕死，因为病痛远胜于死亡的痛苦。）而这样的念头，后来却又演变成了一种近乎开悟的境界："我迄今为止一直误解了禅宗的'悟'，原来所谓'悟'，不是在任何情况下都能平静地接受死亡，而是在任何情况下都能平静地选择活着。"这是他在一年之后的解悟。（《病床六尺》六月二日）子规还总结了三条克服肉体苦痛、获得精神安宁的方法：第一，信奉天帝如来；第二，任大化而安现状；第三，哭号烦闷至死。然而，子规的烦闷是生理性的原因，除了任由自己哭号烦闷之外也别无他法，于是反而独得了"谛观"的境界。他说，健康的、幸福的人若想笑我便笑吧，事实上，即便是我自己，在用麻醉剂减少痛苦之后，对沉溺于苦闷的自己也颇多嗤笑，这大概是人的共性吧。"不管是嗤笑还是被笑，那都是我啊，只要明白了这个，就会知道，那些今时笑我的人，一朝也可能会被我所笑。想到这里，不觉哑哑大笑。"可见，此时的子规已是到达了一种超脱的、近乎悟道的"大笑"境界。（同二十一日记，二十三日发表）子规可以俯瞰那个在病痛中苦苦挣扎的自己以及对此多有嗤笑的自己，更能由此谛观人的普遍共性并"哑哑大笑"，不得不说他是到达了一种禅的境界。虽说将这样的"哑哑大笑"称作一种"风流"会稍有牵强，但是若能随子规立于这样的禅境哪怕瞬间，或许亦能获取将最高的"风流"艺术化的机缘。子规直到最后仍说，"于不信宗教的我来说，宗教全无用处"（同二十一日），"我到底应该怎样才能度过这一日又一日呢"，"有谁能够将我救出这苦痛的泥沼吗"，他祈求能有一个救赎自己的人出现，"如果能有一个善心人来到我的病床前，跟我说些新奇的话儿，或许能让我减轻一些痛苦呐，那我该有多感激啊。"（同）直到死前，占据子规感受最多的，还是活着的痛苦，他纵然知道那无可免除，却仍然祈愿能有缓解的办法。"从昨日以来，我就不辨昼夜、难分五体了，这实在是难以言说的苦楚。"（九月二十日）"我可以想象最剧烈的人间苦痛，但我没有想过那样剧烈的痛会当真落在我的身上。"（同十三日）"我还能感觉到我的腿的存在，可它就像仁王的腿，像别人的腿，就像大磐石一般沉重，只要用手指轻触，便觉天地震动、草木哭号，纵是女娲，用这样的腿也炼不出五色石吧。"（同十四日）他就这样连日诉说着肉体的极度苦痛，直到五日之后的明治二十五年九月十九日，在天色未明之际，溘然长逝。

乍一看，子规最后的日子似乎除了苦痛便全无他物了，实际上在离世前的十五日，他还在咀嚼着芭蕉"枕畔蚤虱"的俳句并感叹"芭蕉俳句也没能避免这样的臭气啊"，也提到了特意避开动物园老虎臭气的江户儿，可以说直到最后，他仍然意外地保有风流的态度。十六日他没有写下什么，十七日记录了收到芳菲山人写着俳句的书简，至此《病床六尺》绝笔。十八日留下三首丝瓜的俳句，翌日十九日不待天明便离世了。从对芭蕉俳句的批评到最后的三首绝笔，在子规最后的日子里，他仍然居于俳人风流的世界之中。子规的三首辞世之作，尽管也潜含着沉痛的哀感，但更多流溢着的是淡然而洒脱的平和之气。子规自始至终都未曾失却将病痛客观化的余裕之心，不得不说他是一位能够美化苦痛的大风流之士。

我们可以看看子规为了缓解病痛并从中获得哪怕一瞬的解脱都用过怎样的方法。通过将自己的病痛描述出来以期将之客观化，通过怜悯嗤笑苦于病痛的自己以期达到对自我的超越，他始终在心中保有几分余裕。当然，在此之外，他也依赖着食物、亲和的看护士、麻醉剂以及作为麻醉药替代的哭号与吟唱，而比这些更有效的，是与来客的交谈。这些事虽说未必具备艺术性，却在他的随笔中随处可见，而它们通过子规的笔，也就带上了艺术的意味。特别是俳友与门人的来访慰问更是堪称"美的探望"，就像碧梧桐为解子规暑热，在他的病床安上了送风的风板，子规还为此写下"风板送风来，盆中花飞散"的俳句（《病床六尺》六十九），这实在是一番病床风流啊。关于一饮一食，子规在《仰卧漫录》中也有细致的记载，想来那并不是为了给别人看的，而是在病中亦不觉流露的饮食风流。可见，无论什么物事，但凡具有艺术性，都被子规写入了俳句及与俳句相关的所论所感之中，也让他获得了极大的慰藉。然而，从另一个层面来看，这事实上也是作为俳人的子规的本职，有时或许难免成为他的负担甚至另一种痛苦。相比之下，自然之美与绘画之美则是不带一丝痛苦的绝对慰藉，是子规病中不可多得的亮色。我们循着子规的随笔看去便不难发现，与对病苦的记述不同，他对自然与绘画的描写充溢着风流与愉悦。"在痛苦难当的时候，竟想起了十四五年前在吾妻村一带看到的石竹田。"（《墨汁一滴》五月十七日）尽管是细碎片段，仍可以让人感受到子规在想起石竹之美时得以从病苦中解脱片刻的情状。

吃下止痛药后作画，对此时的我来说便是最快乐的事情了。今天又是个阴雨天，脑袋还是蒙蒙的，难受极了。我早上吃了止痛药后开始画虾夷菊，第一朵花画得很失败，但接下来就稍好了一些，心情也随之好起来了。到了午后却是头痛欲裂，我忍不住哭喊起来。服药时间规定必须间隔八小时，时间还没到，可我实在痛得忍不了了，于是在三点半又吃了一次止痛药。接下来开始画忘忧草（不是萱草），这花就像曼珠沙华那样会在还没有叶片的时候就突然开出花来，花形酷似百合，是一种饱含着期许的花。我是突然决定要画它的，哪怕废掉了一张又一张画纸，也还是失败的，为免心情更加不虞，便又画了一幅石竹，可也算不上太好。但不管怎么说，这样断断续续地添补着我的草花帖，内心还是愉悦的。八月四日记。（《病床六尺》八月六日）

在那痛到不得不哭喊出来、只能用止痛药缓解的病苦之余，子规仍能去描花绘草，不可谓不风流。若说悲痛，自然也是悲痛的，可他从绘画中感受到的欢愉却也是真真切切的。他所描绘的草花之美以及由此辑录的草花帖的艺术魅力，足可压制子规的病痛之苦，亦足以让他感受到生之欢喜。在随后的八月七日的记事中，他写道："在枕边放上一枝草花，再对着它如实摹写，竟让我渐渐感悟到了造化的秘密。"八日，他照常服用了止痛药镇痛，用过午餐稍作休息之后便开始画凤梨了，并就此完结了他的果物帖。九日，子规开始拿出画具兴致勃勃地为草花上色，"费心调出雅致的红，那种稍带一点黄色调的红，真是写生的一大乐趣啊。想来，神在为这些草花点染上色彩的时候，定然也是如此的费心费力却又乐在其中的吧。"翌日，他记录道："我梦见自己跟人说，我都没有体会过在那梅花樱花桃花竞相开放的美丽山岗漫步的快乐。哪怕是在梦中，哪怕是片刻，我都无法摆脱病苦啊。"

这样看来，子规为草花与果物写生，大概正是被它们那充溢着感受性的美所吸引了吧。他说，通过写生感受到的"造化的秘密"，是"神在为这些草花点染上色彩的时候"耗费的心神，这是子规的乐趣所在。而他在枕畔放一枝花，也是为了感味那"梅花樱花桃花竞相开放的美丽山岗"。因而，子规尽管也说感受到了"造化的秘密"，但他并不是像芭蕉那样通过移情和象征去体会事物内在的神秘性，而是更像芜村那样在为外在之美吸引之后，去观照具象的、感受性的自然万象，而子规的写生也正与这样的艺术观相吻合。

不止绘画，以俳句短歌摹写自然之物，也在很大程度上慰藉了病中的子规，亦堪称病榻风流。《墨汁一滴》中记录了三月二十六日左千夫带来三尾鲤鱼并将其放入盆中后，子规对着那"春水满四泽"之态写生的场景，子规为此做出了十首俳句，如："盆中蕴春水，鲤鱼喁喁私相语。"四月二十八日晚饭后，子规半卧床上，对着桌上生机盎然的藤花，同样写下了十首短歌，并在当日记事末尾一吐心中感兴之情。二十九日，子规在寂寂春雨中取出画具，画下了满庭五彩的美。三十日，他透过病房的窗户看到一簇盛开的棣棠，于是又写下十首短歌。于子规而言，无论是绘画、俳句还是短歌，都只是应花鸟之美的催动而做，他写棣棠的短歌亦是如此，因而不管受到怎样的批判，他都因"只是信口吟咏，故而总是快乐的"。此时，子规的写生不过是纯粹为眼前美景吸引之后的"信口吟咏"，并因此获得了内心的愉悦而已，实在是于风流世界中的一场素朴的逍遥游。

在得知子规爱画之后，有不少人为他带来了各种各样的画。他在《病床六尺》六月二十二日的记事中，还列出了能够"让我感到慰藉"五类画卷。子规虽然爱画，但他喜爱的是花鸟之类的简单的画，对于人物画和其他一些复杂的画类，他从小就并没有多少兴趣，从《病床六尺》六（五月十二日）的记事中我们也可窥知这一点。事实上，子规的"写生说"也与此关联颇深，"写生"在中国画论中也属于我们普遍认为的将一枝花描绘出来的绘画方式，而在理想主义的小说之中就另有所指了。对于卧病的子规来说，若非特别喜爱的、触手可及而又能够催发他快感的事物，都很难真正欣赏吧，因而他显示出了对草花的偏好，以草花为题的绘画也集成了数本画册。而能够表现这种意趣的，是《病床六尺》百三（八月二十三日）、百四、百十一的记事。

是日，天空初霁，烈日炎炎。子规打算像往常一样画草画图，如今草花帖已完成了一册，他想要画出一种更有力量感的草花，于是从邻居家讨来一棵，那开残的花他自然是不想画的，但带着斑纹的硕大叶片却很适合入画，尤其是藤蔓盘错的样子更让人生出许多兴味来。在他正要动笔的时候，恰有孙生和快生两青年来访，二人还带来了渡边先生的女儿，那真是一位让子规一见便颇感心动的女子。"一看见她，便觉那几乎就是我梦中神女的模样，她让我内心悸动，让我脉搏狂跳，其他的一切都察觉不到了。"这位女子在世人看来或许并不是第一流的美人，但于子规而言，"美人，首先必须是罕见的，因为我所说的美人的美，与美术的美、审美学的美是同样的字、同样的含义"。子规总是偏好于素朴而真实的美，并将其展现给我们。在孙生和快生说要离开的时候，子规十分不舍，于是不顾失礼表明了心意，美人最终也留了下来。读到此处，恍惚有一种在读露伴《风流佛》和《对髑髅》的感觉，原来子规也有这样好色风流的时候啊，不过细想来这确实也是子规的风格。但子规直到最后才揭秘道，所谓的美人，不过是《南岳草花画卷》。实际上，子规终究也未能得到美人青睐，还在落寞失望之余含怨感慨"草花无情"。数日之后，他写道："我从前向往的《南岳草花画卷》已经是我的了，它就在我的枕畔。无论朝夕，不管过去多久，只要看到它，就觉得无比快乐，我甚至觉得有它在我或许都能活得久一些了。"即使是除了苦痛以外一无所有的生命，子规也依然希望延长它并从中体会到乐趣。对于《南岳草花画卷》，他说："这若是人物画，即便画得再好，也不会是我所渴望的，也就不会朝朝暮暮时时观赏了。正因于我而言是仅次于我生命的草花图，才会一见倾心吧。"这让我想起了漱石在修善寺罹病之时嫌厌浮世绘人物而偏爱秋空的心境。由子规到漱石再到露伴表现为关注美人的好色，其风流的本质实际上是相同的，那便是对美的归依。

在病与死的苦恼之下，在深刻的厌世情绪里，子规依然可以从自然与艺术之美中感受到生的欢愉，点亮晦暗的生活，漱石亦是如此。然而不同的是，漱石的苦闷是因无法治疗为"自我"所蚀的人性之恶而产生的伦理层面的苦闷，这样的苦闷根深蒂固且不断蚕食着漱石的精神，为了超越其上，他创作了大量的写实小说，这是子规所不具备的。子规虽也写过几篇小说，但那都充满着浪漫的、梦幻般的情调，全然不是写生的风格。他的随笔虽说并非完全不关注社会问题和道德问题，不过终究是浮光掠影般的存在。子规到底还是一个诗人。

不过细看来，在子规身上，似乎也隐隐可以看到与漱石相类似的小说家的萌芽。例如在《仰卧漫录》中，他是这样描述妹妹阿律的："她是一个过于理性且缺乏同情共感的木石般的女人，只会尽义务般地照顾人，却不会共情地安慰人。"（九月二十日）其中子规对人内部缺陷的观察，与漱石对"自我"的挑剔颇为相似。然而到了第二天，比起审视妹妹的缺点，子规依然还是更多地关注为自己而牺牲的妹妹的命运。她固执而冷淡，很难作为妻子立于世间，再嫁后又再次离异归家，看护着卧病的兄长，于是兄长有了看护妇，有了料理生活的人，有了秘书，而且她连看护妇十分之一的薪酬都不要，她对饮食全无要求，不管是蔬菜还是什么，只要有一样就足够了。子规深觉若没有妹妹，一家人很难生活下去，自己很难活下去，但同时他也深觉："她的缺点真是不胜枚举，我有时甚至气得想弄死她，可转念想想她其实只是一个有精神障碍的人，就又忍不住可怜她。"子规的病床观察与体验，实则已经很有一些对于自己的"则天去私"的意味了。

若是子规能将这样的观察与心境写成长篇小说的话，或许会是一部不输《道草》的作品，那样一来，子规的"写生"便不再局限于诗与绘画的世界，而会向着写生文乃至写生小说的方向延伸，或能与漱石的"则天去私"合流也未可知。但是，对于卧病在床而只能在枕边纸片上记录或只能通过口授写作的子规而言，期望他写成鸿篇巨著显然是不现实的。因而我们唯有以此作为潜入其内奥的契机，去查知内在于子规的一些隐微。也正是在这一点上，子规具备了部分漱石般的先驱者的意义。然而子规在艺术史上仍然是作为传统俳句革新者而被反复提及的，这一点也值得我们思考。

如上文所说，子规俳句的核心是对自然之美的写生，可以说他的一切病苦也只是为这样的美奉上的牺牲。唯有那种摆脱了理性的美——特别是自然之美——才是子规作为艺术家的生命。为此，他写生。也是为此，他在病苦之中亦能获得许多个超脱的瞬间。此外的其他要素，应该说在子规那里还没有得到完全的发挥便已终结了。而承继了子规居士之流风的《杜鹃》派俳句，总的来说就是以这个意义上的风流为中枢行进的。其中，虚子作为指导者应该说是最忠实地坚守着子规模式的人，他的"花鸟讽咏"与"客观写生"说，更是直接成为该派俳句创作的理论背景。

若要将虚子俳论中所展露的思想与"风流"问题加以关联考察，实非易事，我如今也尚未掌握足够的材料，也无更多余力，因而这个问题只能留待俳谐的专门研究者。在《杜鹃》派的俳人中，也有如川端茅舍这样在病中拓生出深沉的宗教心境的人，不过他的宗教心境也仍然表现为与自然之美的融合，可以视作子规式的美的一个发展分支。当然，像茅舍这样的人在《杜鹃》的中心人物中还是罕见的，反而是基于芜村式简洁明快的客观写生而以表现自然美为特色的俳人相对较多，这也确实更贴合"风流"之名。在《杜鹃》派中，碧梧桐的新倾向与井泉水的无季自由律似乎也可看作是对子规现实主义一面的发展，但我们仍然很难将其视作对子规之正统的承继。然而，由于《杜鹃》派俳人大都是没有经历过如子规般苦难生活的风流人，其作品也就不可避免地带上了游戏道乐之感。

漱石的风流观

漱石虽说并不属于以"风流"思想为中心发展其艺术观的作家，但漱石"则天去私"的艺术观的确立，"风流"却是参与其中并占据着重要地位的。

我始终认为，若将《草枕》的艺术观凝练出来，那其后"则天去私"说的成立也就变得顺乎其然了。——忘我，而后融入绝对的世界，去象征地描绘那无我的恍惚之境，描绘处于无我之境并与之相融合的对象，艺术由此而生。这样的艺术是纯粹的观照的世界，同时，它作为被观照的事物又足可让无法被观照的绝对事物得以清晰呈现，是象征的世界。艺术正因这样的象征作用表现出其脱俗性，它具备将满心自我的人引入无我之境的感化力。——

漱石若能将《草枕》中这一基于精神性的艺术观加以充分发挥，或可确立一种带有东洋宗教色彩的精神主义艺术观，然而漱石反而选择了克服《草枕》的艺术观，并因对道德性与科学性的顾虑而逐渐深入其中，最终形成了"则天去私"这样一种难解的艺术观。《草枕》的美学中诗性的正义论与余裕派小说论足可克服伦理性、科学性的理论。《草枕》的美学因过度局限于感觉美的层面而具有相当的缺陷，但在余裕派小说论（以及写生文论）中，漱石着意将真与善纳入了非人情的观照之内，同时又为其确立了禅宗的宗教背景。而写生文论则将谐趣的美与温情乃至"物哀"之美融入了其审美观照。由此，《草枕》的精神性方得以完备。

尽管如此，漱石却并未向着将《草枕》美学、余裕派小说论以及写生文说统一起来而后对"则天去私"艺术论加以体系化的方向进展下去，而是巧妙地引入了西洋风的写实文学、情操文学对立论，以及禅宗精神与儒教道义观。最终呈现出来的，与其说是与《草枕》精神相融合的审美态度，毋宁说是与其相对立的艺术观念。由此，《草枕》的美学发展，显示出了与作为小说论的"则天去私"说全无关联的形态，也正如晚年漱石思想中所展现的那样。"则天去私"的小说论毋宁说是与《草枕》恰好相对的、具有西方写实文学与人道主义倾向的艺术论，是漱石为了克服这种倾向却反被西方近代小说所影响的一次适得其反的反影响。

自《草枕》而至晚年的汉诗创作，漱石对"风流"的憧憬是一以贯之的，其作为东洋艺术观的中心地带，或可成为"则天去私"的中枢轴般的存在，然而作为小说论的"则天去私"，却奇妙地与之毫无关联，毋宁说与之呈现出了相背反的状态，这实在是有趣。若将惯来作为《明暗》世界之延展的"则天去私"视作风流的艺术，恐怕许多人都会觉得不可思议。从这个意义上说，"则天去私"实际上是一条被西方近代小说的黄尘蒙蔽的道路。无论漱石于

"则天去私"说中完成了怎样的艺术论，想来都与漱石所憧憬的"风流"观无法融合吧，这样的设想必定是成立的，这实际上也正是内在于漱石的最大矛盾。

对于写实文学的"则天去私"，我们或可通过自然主义系统的西方艺术论窥其全貌，若是劝惩层面的"则天去私"，其或许与马琴亦相去不远，唯独《草枕》以来的风流观，我们只有潜入漱石内心深处方可知其底奥，那是一种以全然忘我的热情阐说生命救赎的观念。而且因其并无处于"则天去私"艺术论中心的自觉，这样的"则天去私"说中总带着一股半生不熟的意味，也不免有被视作逍遥"没理想论"之复踏的风险。

我曾专注于漱石艺术观的研究，现仔细吟味其风流观，方觉漱石的风流观在其"则天去私"的艺术观主道中似乎占据着一席之地。

其实，漱石从很早开始就对"风流"抱有浓厚的兴趣。明治二十二年（二十三岁）五月，漱石在为正冈子规《七草集》所写的评论文中写道："吾天资陋劣，加之疏懒成性，醒酲没于红尘里，风流韵事荡然一扫，愧于吾兄者多矣。"以此褒美子规的风流，并写下了汉诗一首："江东避俗养天真，一代风流钱逝春。谁知今日惜花客，却是当年剑舞人。"（十四卷，四三五、四三六页）这是他以"漱石"为号之后所写的第一篇文章，可以说是漱石在风流世界中的启程之作，也是漱石风流观的出发点。

同年九月完稿的《木屑录》是漱石游历房总之时的纪行文，其

215

中漱石有记："同游之士合余五人，无解风流韵事者，或被酒大呼，或健啖警侍食者，浴后辄围棋斗牌以消闲，余独冥思遐搜，时或呻吟，为甚苦之状。"（十四卷，四四一页）由此我们不难想见离群独处的青年漱石风流人的风姿。《木屑录》是一部充斥着中国风的风流韵事的纪行文，如序言开头所说，漱石是受到了少时爱读的唐宋文学的影响，这使得漱石的"风流"带上了中国式风流的基调。漱石当时迫于课业压力在学习英语文学，一时忘记了这种带有"东洋风"的"风流韵事"，但在与子规相交之后，在子规的影响下又重燃了对东洋诗境的热情。然而，与子规在《七草集》中尝试汉文、汉诗、和歌、俳句、谣曲、论文、拟古小说等各种传统文类相对地，漱石在这方面并没有花费过多心思，而是只以汉诗文踵迹子规之后。

当时的漱石，拥有着对汉诗的兴趣，并由此催发了对俳句的热情，他确实是优游于风流的世界并坚守着东洋的诗的传统。然而这样的蓬莱仙境很快就被现实的狂涛吞没殆尽。友人与兄长罹病，自身同样病弱不堪，加之落第，数年后又患上了肺病。"仙人堕俗界，遂不免喜悲。啼血又吐血，憔悴怜君姿。漱石又枕石，固陋欢吾痴。"（明治二十三年八月末写给子规的书信）这首汉诗，实为现实的写照。在二十三年八月九日写给子规的书信中，漱石吐露了内心极端的厌世情绪，他为厌倦浮世却又无法自杀的自己感到羞耻。在这封书信中，漱石写到了自己因眼病放弃学业后漫漫夏日难熬的处境，同时也不嫌冗余地描绘着庭中各色风物。观此书信，我们不难感知其中那无法专注于风流雅事的浮世苦痛与在苦痛中仍不忘追寻风流的情绪错综,这也成为后来漱石"则天去私"之风流确立的出发点。

这个时代的"风流",尚未脱出古风的传统世界,仍然是"看帘外海棠而生惜花之情"的风流。漱石也没有摆脱"哀""趣"等平安王朝时代的趣味。他也会创作一些拟古文,不过比之和歌物语,漱石更倾心于汉诗与俳句的意趣,但不管怎么说,此时漱石的审美意识尚是传统的。这也并无难以理解之处。明治二十二、二十三年,是红叶、露伴等人的新小说初露头角的时代,若说最具西洋风的作品,当属是鸥外的《于母影》《舞姬》等了。但纵然是这样的新文学,也多是掺杂着汉文调的拟古文,不过是强行披上了西洋风的外衣而已。写下《浮云》的二叶亭亦是如此。子规也尚未找到能够超脱传统风流的风流之路。

于漱石而言,因与子规交游而触发的风流之心,自青年时代而至明治三十三年留学海外一直都未曾断绝,直到明治三十六年(子规辞世的次年)一月归国,漱石开始以英文学者的姿态出现在日本文坛。读漱石全集便知,在明治三十三年漱石写下无题汉诗"君病风流谢俗粉,吾愚牢落失鸿群。磨瓦未彻古人句,呕血始看才子文。陌柳映衣征意动,馆灯照鬓客愁分。诗成投笔踯蹰起,此去西天多白云"之后,此后的十年间漱石便再未写过一首汉诗。他的俳句创作也是如此,在明治三十二年之前,每年都有大量的俳句问世,但到明治三十三年之后便数量锐减了。应该说,以留学海外及子规之死为转折点，漱石的风流世界也退潮了，他开始转向了西方文艺的研究与西方式小说的创作。事实上漱石最早是对建筑颇感兴趣的，后因折服于友人米山的高谈阔论而期望成为文学家，但他并不想进入汉文科和国文科，而是选择了英文科，他说："我希望能够通达英语与英语文学，以外国语写出足以震撼西洋人的了不起的文学作品。"（谈话《处女作追怀谈》十八卷，六七四页）可见，与子规贬抑南蛮文章而尊崇自国文学相对地，漱石似乎并未肯定自国文学的价值，而是为洋书着迷，虽说他已经放弃了成为"洋文学队长"的念头，但他并没有放弃西洋文学而追捧自国文学，他还是期待着未来能够创作出堪与西洋文学相比肩的作品，他怀着强烈的通过学习西方文学样式而使日本文学具备世界性的愿望。

然而，漱石通过在英国的生活深刻意识到让文学实现外国化的困难性，而且在此期间，风流的思想在漱石的内心其实并未绝迹，而是不时地点缀在漱石的作品之中。无论是在鉴赏西方文艺的时候，还是进行西洋风物批判的时候，我们总能看到在风流世界中驰骋的漱石的思想。

漱石特别在《文学论》中指摘了英国人对自然之美的漠不关心，他例举道，英国人无法理解见雪而心悦、见月而生怜的心境；当他们看到庭中山石时会将其移走；当他们被问到路旁松树价值几何时，回答的不是其作为庭树的价值，而是作为木材的价格；在苏格兰宏伟的宅邸，在苹果园中的小径上，看到郁郁苔痕，感叹其古雅风味时，他们却会命园丁悉数铲去。（十一卷，三四八页）漱石在其中虽未用"风流"一语，但仍处处流露着东洋风流的韵致。当然，漱石也并不否认西方存在着与风流相类的审美意识，但他认为那与日本相比程度不可同日而语。主张以日本人的眼与心去观照西洋文艺的漱石，唯独站在"风流"的立场上批判了西洋。（类似的观念还可见于谈话录《英国的园艺》第十八卷，五四八页）

事实上，这样的主张早在漱石学生时代的论文中就已初现端倪了。他认为，"英国诗人对天地山川的观念"正如英国自然派诗人所论述的那样，而漱石对自然之爱的兴味，是在东洋风流的滋养之中生长而成，这一点即使是在他用外文横写的文章中也不难发现。其中，对于彭斯的水鸟诗，漱石认为其所流露出的感情深笃，他认为，世上有人看到动物而产生食欲，也有虐待动物成性之人，"他们不仅是风流的罪人，也是'彭斯'的罪人。"（第十四卷，一九五页）

漱石在子规去世之后便甚少创作汉诗与俳句了，然而，"风流"作为子规的代表，也作为对子规追慕之情的寄托，在漱石后来所写的小说之中也以各种不同的形态出现。漱石初期浪漫的、梦幻的小说或多或少都包含着一些风流的意味，但像《幻影之盾》《韭露行》这样的作品中所展现的，更确切地说是西洋式的风流，因其带着明显的西洋的风调，能不能将其视作真正的风流也是一个问题。也就是说，西洋式的风流是以"爱""想象"这样西洋式的美为中心的，与东洋式的飘渺空灵之美颇为不同，因为其中也包含着对人生现实生活的拘泥。相比之下，如《一夜》《草枕》，以"非人情"之美为生命，本质上显示着一种东洋风流的极致状态。而《虞美人草》则是对西洋审美与东洋趣味的综合，但也因此而失却了浑然天成的兴味。《虞美人草》以俳句为中心的构想无疑是风流的，但决意以爱征服异性的藤尾作为西洋式的女性，其道义的精神却很难说是东洋式的，而且小说中也包含着西洋式的悲剧论。

漱石在《一夜》中虽未用"风流"一语而只使用了"雅"字，全篇却流贯着东洋风的风流。这部作品中尽是对梦与现实交缠的描写，这样的描写让人感受到一种强烈的情调，其中既有与妖艳的感觉之美相伴而生的无形的快感，亦有伴随着否定一切合理性的超越而生发的神秘的氛围。这样的情调一经结合，便于刹那的印象中凝结出了一个永恒的世界，让人倍感空灵飘渺之况味。而《幻影之盾》的末尾也为读者描绘出了一个极具东洋风调的幻想的世界。《一夜》描写了两个男人与一个女人在一个夏夜里会谈的光景，人们或许也会去想三人间是否产生过三角恋爱关系，但小说最终超越了人生戏剧化的纠葛，建筑起了一个清净的梦的国度。而漱石在小说中也不过是捕捉到了如同自然般存在着的三人人生中的刹那，这是艺术的、俳谐式的创作方式，这种将小说俳谐化的写作方法和态度与《草枕》几乎如出一辙。这部作品从蓄须男人"许许多多美丽之人的许许多多美好的梦啊"这样的微吟写起，写另一个无须男人的反反复复絮语"真是描绘也描绘不出的美啊"。作者认为他们是"脱口说出了从前就已意识到的禅语"。无须男子高声念诵着"写不出，画不成啊，是梦，怎么描绘得出"的话，桀桀大笑，回望着屋中的女子。在作品中，对"美好的梦"的追寻是三人生命一般的存在。三人交互从各种各样的角度探寻着这"许许多多的梦"，并在这个过程中展现出了各种各样的感性之美。（因为于漱石而言，"美"就是感性的快感。）于是在各式各样的梦中，他们会不时踏入交织着人情美的"物哀"境界，脱离肉身，消散在超越的、禅的洒脱空气中。

细思《一夜》的立意便知，其构建的是一个诗性的、浪漫的"则天去私"的世界。其中所描绘的"空中独唱白雪吟"的境界，是一种小说的形式亦无法言明的奇妙世界。人生的真实说到底并不是在恋爱悲剧的世界的沉浮，而是某个潇洒夏日的一夜清凉。而对梦与诗的追寻，至少可以成为这虚幻人生中唯一的热情所在，也让一切在夜深之时、睡梦之中进入一种"太平"之境。小说中便有这样一段对三人入睡之后的叙述："忘尽所有，女子忘记了她美丽的眼与美丽的发，蓄须的男子忘记了他的胡须，无须的男子也忘记了他没有胡须的事情，他们越发地感受到了太平。"或许，唯有这样的"忘我"，才是真正的"去私"；唯有在绝对的无中做个太平的梦，才是通向"则天"之所的路径。三人醒时的种种风流——那所有充溢着感性之美与雅趣的梦——都是通向最后的忘我之境的途径，或者说，都不过是在忘我之境浮现出的一场梦。而对一刻梦境的描写也并不是要将人生的全部加诸其上。这样想来，《一夜》正是漱石"则天去私"思想在一个侧面的呈现。其正是以刹那的感觉去象征人生，并在绝对的"无"中主张着"则天去私"的风流。

即使在《一夜》之外，"风流"的气息也仍然是漱石在其初期浪漫主义时代所创作的小说的一大特色。现以漱石对"风流"一词的使用为线索对其加以简单论述。《我是猫》一书是围绕着苦沙弥周围的丑恶世界发酵而起的嘲笑与谐谑，更大程度上表现的是一种与"风流"相抵牾的东西。也就是说，其中更多是风流的缺乏，当然这也在更深的层面上表达了一种对风流的尊崇。就像迷亭说的："午睡之事出现在中国诗中的确风流，可像苦沙弥那样把它当作日课去做，就不免俗气咯。"（一卷，二六八页）再如猫曾嘲讽过名为落云馆的私立中学却未必有风流君子。（同，三五七、三五八页）而面对妻子和侄女对苦沙弥买来的德利的嘲笑，苦沙弥也称之为无风流。（同，五一二页）诸如此类，都可以说是以诙谐的姿态俯瞰无风流者聚合的世界的一种风流。小说还写了小偷入户时苦沙弥一家不雅的睡姿，其中有这样一段描写："春日的灯火当真别有一番情致，在这天真烂漫而又极度缺乏风流的光景背后，那令人神迷的灯火光辉似在提醒人珍惜这良夜。"（同，二一五页）可见，即使是在无风流中，也有那温软风流的灯火光辉，这也是此作中对风流的部分表现。

阅读《我是猫》，总能让人感受到其间萦绕着的"寂"的"风流"况味。事实上，这部作品不乏嘲讽"寂"，苦于"寂"，无法安住于"寂"之美的描写，在这个意义上，它似乎继承了反风流的厌世观的血脉，具有悲剧作品或披露小说的意味，但在那高度诙谐的空气中，我们仍然能够体味到其对风流幽微的憧憬。而这种幽默作为一种美，应该说也是从属于"风流"的。为了表现出这种极具吸引力的谐谑与讽刺挖苦，小说中能够达到风流之境的幽默其实是极为微弱的，但它仍然可说是后来漱石则天去私思想得以成熟的前奏。

不过无论从何种意义上来看，最能代表漱石这一时期的"风流"的，仍属《草枕》。这部作品中几乎不再表现"侘""寂"的风流，而是以感觉美的风流与超脱美的风流创造了一个风流的世界。"我是画工，是个只对做画工感兴趣的男人，纵使身陷人情世界，也要比不风流的东西边邻人要高尚。"（三卷，一七三页）这可说是对《草枕》的世界就是风流世界的宣言。而且这个风流世界正如画家所言，是一个充溢着趣味与美的所在。

然而，《草枕》的画家的风流也顺乎其然地沾染着《草枕》特殊的色彩，这使得它与芭蕉的风流甚或晚年漱石则天去私的风流并不相同。那就是"非人情"的风流，倒与芜村离俗的趣味颇为相近。就人生而言，身处现实之间，定然会丧失内在的风流，而游离于现实生活之外，方会获得超脱的风流。《草枕》中意外地很少使用"风流"一词，例如下面这一段关于画家留宿那美家的描写：

> 我若无其事地坐在座垫上，看见写生帖就那样摊在硬木桌上，中间夹着铅笔。我顺手拿起来，想看看梦中写下的诗究竟怎么样。
>
> 我发现"海棠花上露摇摇，观之人欲狂"下面，不知是谁

写上了"海棠花上露摇摇，旁侧伴朝鸟"一句。因为是铅笔所写，字迹不易辨认。若此句是女子所写，则不免过于坚硬；若出自男子之手，又显得过于柔弱。呀，我又是一惊，向下看去。在"花影朦胧，女子身影亦朦胧"之句下面，又添了一句"花影朦胧，花与女子身影重"。"神仙化美人，夜来月朦胧"下面，则赫然写着"王孙化美人，夜来月朦胧"。这到底是着意模仿，还是存心添削呢？是欲以风流相交，还是戏弄逗趣呢？我不由思索起来。（第四章，五〇页）

画家与那美非人情的交际，在某种程度上或许就可说是"以风流相交"了吧。而且萦绕在二人周围的空气都甚为梦幻，很难不让人联想到芜村在《春泥发句集》序中关于"俳谐之乡"的联想："寻其角，访岚雪，携素堂，伴鬼贯，日日与此四老相会，远离市井名利，畅游园林山水之间，酌酒谈笑，不经意间即得佳句，日日如此。是日，又与四老相会，起先幽赏雅怀，而后闭眼苦吟，得句睁眼后忽失四老所在，一时之间甚至怀疑他们已在不觉间羽化而去，独留我一人恍然彳亍。当是时，花香风和，水浮月光。"而且，《草枕》中画家所作俳句也皆是对芜村的模仿。同时也能感觉到《草枕》受到了子规风流的深刻影响。画家的这首俳句，是他在前一夜看到月下背倚海棠花树的那美如梦幻的身姿之后所作，但他并没有即刻将这样颇带凄然的梦幻般的光景写成俳句，而是思索着那女子的身份久未成眠。画家由此感叹，若不能摆脱俗累羁绊，便难以捕捉到天然诗趣之美。

我方才看到的人影，若只限于一种现象，任谁见了听了，都会觉得饶有诗趣。——古村的温泉——春宵的花影——月前的低吟——陇夜的清姿——可以说无一不是艺术家的好题目。这样的好题目一起涌现在我的眼前，我却做着不得要领的诠释和画蛇添足的探寻，在不可多得的雅境论理，让难得可贵的风流被俗恶气味践踏。这使得非人情也失却了可标榜的价值，若再不稍加修行，诗人也好，画家也好，又有什么值得自夸的资格呢？（第三章，四一页）

"这样的时候，该如何回归诗的立足点呢？"怀着这样的想法，画家有了如下思考："将自我感觉与客观事物放置于前，而后从感觉中退开一步，冷静下来，像他人一般检视即可。身为诗人，就有义务自己解剖自己的尸骸，而后将其病状公布天下。公布的方法形形色色，最近便的就是将己之所见尽数写入十七字中。作为诗形，十七字自然最为轻便，洗脸如厕，抑或是在乘电车的时候，都可轻易写成。但这并不意味着诗人就有必要受到十七字易写因而诗人易做，做诗人只凭一点悟性这样的轻侮。我认为，正因容易写就，因而在某种程度上可称得上一种功德，这反而值得尊重。"（同，四二页）正是在这样的思考之下，画家有了如上佳句。

《草枕》的俳句论作为美之宗教的易行道认可俳句的救赎价

值，其作为理论并没有什么需要批判的地方。然而这样的理论在内容上似乎也适用于芭蕉一类的俳句，实际上仍然不免浮薄，缺乏求道的严肃态度，给人一种"轻便"的俳句论的感觉，这或许是简单地归因于"悟性""功德"的原因。而且其中也缺乏不得不追求此种"悟性"与"功德"的深度人生体验，只是单纯地逃避享乐。事实上，《草枕》中画家的俳句也不过是最浅薄的芜村调——或者毋宁说是子规调，是只追求感觉美的迷亭式的唯美主义。当然，《草枕》中风流的最大特色，正在于其并不是芭蕉式的"侘""寂"，而是芜村式的离俗与壮丽。这毋庸置疑是风流的一个层面，却并不能涵盖风流的各个层面。

《草枕》中，画家与那美的交际所展现出的非人情之美，是感受性的、华丽的，看起来是超越俗界的，但实则其与世俗的距离颇近。其中尽管也有像"哀"这样近乎于神的感动，但仍然与芭蕉式的圣爱相去甚远，反而更接近芜村式的情爱。总之，在《草枕》中，中世的精神性相对稀薄，那是一个漱石与子规交往的书翰中屡屡可见的"哀"与"哦可嘻"的世界，是漫溢着古代感性之美的场所。

与此相对地，若说《草枕》中全然没有侘、寂、冷寂、枯淡、清澹、静寂这样的中世的风流境界，可在观海寺大彻和尚所营造的禅的氛围中也并非完全看不到。当然，那与那美所表现出的风流迥然有别，但作为女性的那美的世界，原本就难以摆脱妖艳华丽的肉感，也很难脱离人情"哀怜"，想要孕养出如大彻和尚那般枯淡而崇高的男性禅机更是困难。就像我一直所主张的，《草枕》的画家是同时通过感性美与理性美之两道进入了超悟性的风流世界。不过漱石在《草枕》的阶段还是以感性美占据主位，这一点到了漱石晚年似乎颇惹漱石嫌恶。而这种感性美，与西洋风的感觉美又颇为相近，因而其中也不乏难以完全称之为东洋风流的地方。不过，大彻和尚周身的空气应该说饱含着明晰的东洋的精神性，只是当此之时并没有为其加之以"风流"之语，但漱石晚年的风流思想的确就是在这一基础上发展起来的，这一点是毋庸置疑的。

以大彻和尚为中心的大风流，在《草枕》第八章对和煦春日志保田老人的茶席的描绘中表现得尤为典型，而第十一章对静寂春夜寻访观海寺的描写也不亚于此。当然这些场景中也有许多对感觉美的呈现，此时漱石对感觉美的表现甚至比他往后对同样场景的处理更多了几分惬意。就像在第八章中，他细细地描绘着茶席中的紫檀桌、中国制的花毯、紫砂茶壶、琥珀绿的玉液、清茶的香、玉露的味、李兵卫的茶碗、盆栽的叶兰、青玉的点心盘、山阳收藏的换过盖子的端溪砚、古铜瓶中的木兰插花、古织锦装裱的物徂徕的大条幅，等等，这些物事都将那种美表现得淋漓尽致，也在相当程度上为我们展示出了漱石对这些古董的知识与趣味。（在这些知识中，或许就有一部分是漱石自松山时代所习得。也有传言认为山阳所藏的砚台现今亦有人收藏。）而在第十一章对观海寺之夜的描写中，漱石描摹着春星、石阶、朦胧春海的远望、幽微光亮里的屋脊、鸽鸣的声音、霸王树的怪影、耸入夜空的木兰的洁白、落入寂静庭院的松影、远海上明灭的渔火，其中，他对霸王树、白木兰的描写尤为细密。然而这些官能的物事也都带着一种精神性的氛围，与围绕着那美展开的对和服裙裾、金襕腰带、霓虹般划破汤池雾气的春灯、朦胧雾气中女子洁白的裸体以及飘飞的墨色秀发等的描写相比，仍然是清净的。

而画家的非人情的世界就穿行于这两种风流之间，只是相较而言更倾向于那美华丽的风流。作品中唯一一次描绘画家心中镜池女尸的画面，即让我们联想到西洋名画《奥菲莉亚》。画家的风流，就是在春夜温泉中梦想着画出一幅"风流的土左卫门"。这风流的土左卫门，在后来病中恍惚与死亡为邻、与自然冥合的漱石那里，成为了现实。其究极，便是到达超越生死的无我无心之境，表现出死亡瞬间的真实。然而《草枕》的世界仍然不可避免地给人以趣味浮薄之感。不过，这"风流的土左卫门"，实际上仍然可以追溯到《我是猫》的结尾，或者更早时候漱石给子规的书函中所表现出的厌世观，这些无不显示着漱石内在的精神症状，也可以说是漱石晚年则天去私的风流得以完成的佐证，故而现将部分原文抄录如下：

我仰头靠在浴槽边上，将身体轻轻放在清透的水中，不做任何抵抗地任其漂浮。柔软地，柔软地，我的魂魄也如同水母一般柔软地漂浮着。世上若也能有这样的感觉该有多好。打开是非的锁，破除执着的栓，抛开一切，且就在温泉中与温泉同化。因为流动，生命不觉痛苦，若魂魄亦能在这流动中随之流动，那必比基督徒更加幸运。这样想来，土左卫门确是风流。

（第七章，一〇〇页）

故此，米勒的奥菲莉亚是美的，在做过这一评价之后，画家又想道："米勒是米勒，我是我，我要以我的趣味画出一个风流的土左卫门。"

这土左卫门的风流，是飘荡着音乐感的恍惚世界，是"空中独唱白云吟"的境界。在风流的本质里，自然包含着这样浪漫的飘荡性，但在《草枕》造型化的感觉中也凝固着结晶型的风流，譬如志保田老人的茶席上各种各样的古董便是此种风流的充分体现。就连土左卫门的风流中，其实也有造型化的成分，比如浮泛在镜池中的那美的表情。当然，即使是造型化的风流，若没有"哀怜"的音乐性精神的参与，也是难以实现的。总之，画家须得发挥其造型方面的构想力。于漱石而言，比之于音乐性与流动性，他更属于造型性和想象型的作家，因而，连同恍惚感也予以绘画化，这是漱石的特色。就像以水母的形去绘画化地描写恍惚中魂魄的柔软的漂浮。《草枕》的风流表现出了音乐感的恍惚，无疑也充满着绘画的观照性，却并没有明显的感动性。连同大彻和尚所举办的雅会，也是以绘画化的形式加以描写的。

漱石将这一绘画化的风流通过以上所举的茶席的例子进行了恰切地表现，但他所说的是煎茶而非抹茶。大彻和尚在志保田老人的屋中所开设的茶席，似乎包含着相当的"数奇"意味，但这是给人清风拂面之感的中国煎茶，而观海寺之夜和尚所供的只有粗茶。漱石对茶颇有兴味，但他对绍鸥、利休以来的茶道似乎并无多少兴趣。这或许是因为漱石对那些除了形式化、礼式化便别无他物的末流茶道的反感。利休等人的侘茶可以说是在茶道中建立起"自然"的巨大革命，但事实上还是落入了中世形式主义的窠臼。其间出现的中国式煎茶的趣味致力于再度夺回"自然"，其以摆脱规则的绝对自由打破了所谓的茶道的戒律主义。侘茶也曾与禅结合，与北画结合，应该说漱石对此并非没有兴趣，但是漱石的南画趣味与文人风的禅的悟道注定他更偏向于文人风的煎茶。《草枕》的画家听那美说："父亲极爱古董，也收集了许多各式各样的东西。我跟父亲说说，什么时候请您品茶。"由此引发了他如下的感想：

听到品茶，我就有些打怵。世上再没有比茶人更装模做样的风流人了。他们故意将广阔的诗界捆束在狭小一隅，极尽自尊又极尽偏狭，他们无谓地鞠着躬，满意地喝着茶上浮沫，这就是所谓的茶人。若说在那样烦琐的规则里也有雅味的话，那驻扎在麻布区的联队岂不要雅味四溢了，遵从着"向右转""向前走"的号令的他们可不要成为大茶人了。那些商人和市民，几乎没有接受过美的教育，他们不知何为风流，只是囫囵吞枣般机械地照搬着利休以后的规则，以为那就是风流，其实反而是对真风流的亵渎。（第四章，六二页）

画家一边这样想着，一边问："品茶？就是那种循规蹈矩的茶道吗？"那美答道："不，没什么规矩，就是不喜欢便可以不喝的那种品茶。"画家听后方才安心下来："这么说来，是可以随意喝喝咯。"不过，那美所说的茶席，实际上似乎是以古董鉴赏为主的，其间并没有描写茶道之美。而追求"自然"的漱石的风流，并不指向中世的锻造之道，而是更倾向于与自然的融合，倾向于向着南画的、文人趣味的方向发展，这是能够表明漱石特色的事实。因而漱石对于形式更为讲究的抹茶并无兴趣，这在他的其他作品中也多有表现。如《野分》中的白井道也在名为《解脱与拘泥》的论文中曾经写道："他们学习茶汤，在无谓的仪式中耗费了宝贵的时间，成为了一个个所谓的师匠。但是比之茶汤，还是趣味更难吧。"（第三卷，三八五页）又如《虞美人草》中的宗近对岚山小卖店里甲野凝望着的抹茶茶碗说道："这样笨拙的东西，就算用血洗过也是白搭吧。"在甲野的袖子带落打碎了茶碗之后他又说："这样的东西，碎了也不要紧。"（第四卷，一〇三页）这就是不认为抹茶茶碗是重要的。这样的例子似乎展现着一种与风流正相对立的思想，但也未必不是漱石本就轻视抹茶。在漱石晚年，也有这样的记录："帚庵茶会记事。一入其道，似乎天下就没有别的事了。"（第十五卷，八二三页，大正四年十二月《日记及断片》）其中反感的意味或许不浓，但淡漠的态度却是显而易见的。而能够让漱石兴致勃勃地去描写的"茶"，大抵就是煎茶了。就如《虞美人草》第八章以"夕暮中，庭院在一树浅葱樱的掩映下更添几许暮色。紧闭的障子外，擦拭得干干净净的廊庑寂静无声……"开篇描写藤尾母女对谈的场面。而漱石正是以"茶"之美，缓和着对作为我与自我之影射的老少两女性丑恶世界的表现。

母亲取下嘶鸣的铁壶，拿起火钳。那满是水垢的裂纹釉萨摩茶壶上，勾描着三两道蓝色波纹，洁白的樱花随意散落，细细揉制过的宇治茶叶，在午间的茶汤里已然泡败，层层叠叠，满满当当，早已冷却。

"给你再加点茶进去啊？"

"别"，藤尾急忙提起尚有余香的茶漏，叠放在与茶壶同色的茶碗中。泛黄的茶水滴落碗底，不知不觉间，茶水漫上茶碗边缘，茶色浓聚，半边碗沿聚起浮沫，一动不动。

母亲耙楼着灰烬堆，捣碎佐仓炭的白色残骸，又仔细地将红炭芯拨到一边，她复又在温热的炉膛里挑捡着形状规整的黑炭，显得异常生动。——此时，屋内春光融融，母女二人安稳平和。（第四卷，一五四、一五五页）

这一刻，我与自我的映射消融在茶的清澹中，所见尽是一片春光和煦的光景。但是《虞美人草》并不以这样的风流为主题，甚至说其中更多是对反风流的世界的揭露。就像小说紧接着就有了如下叙述：

作者向来不喜无趣的对话。毒舌的话也不会给充斥着猜疑不和的阴暗世界带来半点精彩，他没有以优美笔触在纸上铺陈美妙春光的诗人风流。他无缘于那专司闲花素琴之春的人所歌咏的世界，只能在胪列着全无半点气韵的野鄙言语时，感受犹如笔端沾泥一般的艰涩。他只有在描写宇治的茶、萨摩的壶、佐仓的炭时偷闲片刻，给予读者以弹指间超脱的安慰。然而，地球一如往昔地转动，明暗昼夜不舍地交替，作者还是需要将这对母女那令人不快的一面用最简单的语言描述出来，这是他不可推脱的义务。这支方才写了品茶、写了炭火的笔，不得不重又回到母女二人的对话里。（第四卷，一五五页）

这样看来，煎茶的风流或许代表着人生的"明"，是"天"的映射。漱石在《草枕》中尽兴地表现着煎茶茶席的光景，但在《虞美人草》中，则是追求一种不突破与之相对立的"暗"则无法到达的"明"的境界。故而，藤尾母女的"茶"就不免带上了一些贫弱的意味，也只有这般贫弱的"茶"，才会给那"阴暗的世界"带去一丝光明。因而，于漱石而言，"茶"即煎茶。

事实上，在《虞美人草》中，也缠绕着几许《草枕》的氛围，因而其中也屡屡提到了"风流"。然而更确切地说，《虞美人草》其实主要表现着与《草枕》中的风流的对立。其中写到了漫不经心听小夜子弹琴的宗近："他不知那御室御所的春寒里刻有铭文的琵琶的风流，也不懂十三弦的南部菖蒲形古琴，以及琴上的象牙制泥金绘琴马的难得。"（同，六〇页）对于舍弃小夜子的小野，小说这样写道："枯萎的秋草，在多变的天气中误认了季节，从暖热的光晕里苏醒，实在可叹。可若要抹杀这苏醒的物事，实在也不符合诗人的风流。"（同，一七二页）可见，在《虞美人草》中，漱石是站在以小夜子为中心的过去的艺术观的对立面，从宗近、藤尾的世界中导出了新的风流。而站在这两者之间的小野则在这新旧世界的牵引之下对过去的风流抱有鄙薄之心。

　　有人在十七字中一味标榜贫寒，有人自得地吟咏着马粪马尿的句子。在俳句里，芭蕉看青蛙跃入古池；芜村撑伞游赏红叶；到了明治时期，为脊髓病所苦的子规汲取着丝瓜水。这以贫苦自夸的风流直至今日也并未绝迹，只是小野对其颇为不屑。

　　仙人餐流霞、饮朝露，而诗人的食粮则是想象。若要醉心于美丽的想象，必得拥有余裕；若要实现美丽的想象，必得拥有财产。二十世纪的诗趣与元禄时期的风流自当判然有别。

（同，二四一页）

在小夜子的世界里，充溢着"侘""寂"与"哀"的风流，而小野却恰与之相背地步入了藤尾家那构筑着豪华的近代文明的风流中。藤尾家所展现的，是镂刻着物质文明绚烂美的西洋风的诗性世界。漱石在其后也曾短暂地走向这一方向，采纳了他一直以来所否定的西洋的、物质的风流，然而最终还是从中折返而出。

漱石的风流观的前期，大抵就是如上所说的状态，一直持续到明治四十三年之前。当然，若要细论之，漱石在此期间也还有其他一些关于风流的论述。比如其中最著名的《趣味的遗传》中对驹入寂光院寂寥初冬的精细描写，以及与西片町学者街不风流的比较。再如那同样寂寥的墓地中与之形成鲜明对照的少女摄人的风姿，以及无风流的主人公无法将这样的场景完全描述而出的感叹。这都是对"寂"与"艳"这两种相对立的风流的表现。

而在《哥儿》中，就有这样一个滑稽的场景：寓所房东想将书画古董卖给哥儿，称哥儿是风流人，每日频频游说，但哥儿始终没有买，房东便说："谁也不是一开始就喜欢的，可一旦入了这道，就再也不想放手了。"而后一个人在那里动作奇怪地自斟自饮了起来。再如《野分》中，中野也谈到过一个昔年精通游乐之人将银扇从舟中抛向明月的风流，而高柳对此则付之一笑道："真是奢侈的家伙。"显然，漱石的这些作品都是以反风流的道义世界为主题的，因而多表现为对风流的嘲讽。

如此看来，在漱石的世界里，存在着风流与反风流的二律背反，而在风流之中，又可以看出静寂的风流与华丽的风流的矛盾对立。这在日本由来已久的风流的历史中，也是颇为常见的现象。而漱石显然也继承了这样的传统，而后又亲身践行着这样的传统。

除此之外，在漱石的初期书函中也可以看到一些对"风流"的使用，如："每月若能有五六十的收入的话，即便现在回到东京也可以任情风流了。"（明治三十四年四月二十三日寄子规书函）这里的"风流"指的则是"文学三昧"。"不管悲喜，皆为眼前景象；无论花月，都是当下风流。"（明治三十八年一月一日寄铃木三重吉书函）可见，漱石实在喜欢使用"风流"一语，当然这也是明治时代的风潮。

正如我在之前所说的，漱石因子规所触发的风流之心在子规殁后，在漱石作为英国文学研究者回国并最终成为颇负盛名的近代小说作家之后，逐渐退潮。而这曾经一度被漱石忘却的对风流的憧憬，在明治四十三年（四十四岁）罹患大病之时，重又在漱石心中翻涌而起。对于漱石在此之后的风流观，我认为以"后期"命名会比较恰当。

明治四十三年八月二十四日，漱石在修善寺温泉菊屋本店大吐血之后，一度生命垂危。对此，《杂忆录》及漱石的日记中都有相当详细的记叙，我们不难想象那因彷徨于生死之境而引发的人生观的大转变，以及由此产生的艺术观的新转机。而漱石晚年则天去私说的出发点在某种程度上便可回溯到此处。

作为漱石艺术观的新契机，我想还是有必要将漱石"风流观"的发展历程罗列如下。如，九月十四日的日记有记：

我一时厌倦了艺术的理论和人生的道理。

一竿风月，明窗净几。

这样的趣味越发令我向往。

于是得句：

微雨当窗冷，一灯泄竹青。

风流如昔，那令人怀念的纸衣哟。（第十五卷，五六〇页）

至此，漱石显然重又燃起了对风流的思慕之心。而其中所写的"明窗净几"直至今日也仍然是评价漱石风格时有如标语一般的存在，其后漱石在《大阪朝日新闻》（大正三年三月）登载的谈话录《文士的生活》中，也提到了"明窗净几，实为我的趣味所在。我喜好闲适"（第十八卷，七八四页），可以说这是漱石在罹病之后的思想的发展。漱石所吟咏的俳句"风流如昔，那令人怀念的纸衣哟"，是落魄后穿着纸衣的男子对昔日豪华风流的追慕，但在此处却并非此意，而是漱石对传统生活中穿着纸衣的风流的思慕。也就是说，这里的"纸衣"，并不是伊左卫门"纸衣粗鄙"（夕雾阿波鸣度）的"纸衣"，而是带着芭蕉"侘"之意味的"纸衣"："斗笠在长途的雨中开裂，纸衣也在一宿一宿的投宿中揉皱。侘寂的风流人啊，使我难忘。"（冬日）不过也有人认为漱石在病中对风流的思慕只是"一时"的现象，这一点不到最后谁也无法断言，但这样的思想显然支配着漱石之后的生活，其重大的意义是不能否认的。在《文士的生活》的谈话中，漱石写道："多想袖手而居，在明亮的，温暖的地方。""日影透过窗户照射进来，在这样的地方写作是最好的，但这对于我的家来说实在奢侈，于是便将桌子搬到太阳照到的地方，让脑袋沐浴在日光之中，方才执笔。若觉得热了，就戴上一顶草帽。这样的时候，往往会有灵感从笔尖流出。明亮的地方实在让人喜爱。"或许，漱石"则天去私"的风流正是对这样明亮与温暖的世界的追求，那微雨青灯的晦暗与阴冷原也不是漱石的本心。由此，一个沐浴着日光执笔书写的男性的、阳光的漱石的生活姿态便生动地呈现在了我们眼前。他罹病时的忧郁色调也不过是境遇使然。不过也有人认为，这闲适的生活本就是漱石病中生活的发展，而且在之后表现得越加明显。如大正四年《玻璃窗中》的末尾，漱石写道："家中寂寂，心内寥寥，于是我推开玻璃窗，让静暖的春光照进来，包裹我，我陶陶然完成此稿。而后抱肘小眠，心下怡然。"至此，漱石的精神趣味的倾向性已经十分显而易见了。

在我看来，漱石在修善寺罹病时风流之心的再生，并不是对其原有的两种风流中华丽的、感觉美的一面的复活，而是对与之相对的静寂心灵美的一面的发展。这对于渐入老境的漱石而言也是一种必然。另，十月三十一日的日记也证明了这一点：

愿逢风流之友。除此之外，人生也好，艺术也好，都不想纠缠其中。

而今的我，比之人声，更喜禽鸣；比之女色，更好空色；比之宾客，更赏好花；比之谈笑，更愿默想；比之游戏，更爱读书；比之愿求，更享闲适。我厌倦了尘事。（第十五卷，五九六页）

而在《杂忆录》中，也有如下记事：漱石看着印有歌麿彩色版画的明信片，"其色因历时久远而兀自古旧，不禁入了迷"，但当他看到明信片的背面写着"多想托生为画中人"时，却托人回话道："我最讨厌这样油腻腻的美男子了，还是和暖的秋色以及秋色中散发的清香更叫人心旷神怡。"而后又在日记中写下："空更胜人，默更胜语。……那停在肩上的红蜻蜓，真让人怀念啊。"（第二十四章）由此可知，漱石当时对风流的爱，尽管是通过物象的、官能的物事加以表现的，但其最终的指向是超脱于物象与官能之上，到达精神的、心灵的境界。故而漱石所说的"风流之友"，必不存在于歌麿式的人间社会，而是融汇在造化之中，必不可能是受西洋风潮浸染的议论着"人生"与"艺术"的文坛人，而是静坐自然之中、安守沉默美德的东洋隐逸之士。

因而，此时自漱石的风流之心中流淌而出的作品也多为俳句与汉诗，经过一段时间之后又有了点缀在俳句与汉诗之间的《杂忆录》。它们以东洋式的文艺形态装饰着整部漱石全集。

我在前文中也曾提到，在漱石患病之前的十年间，他几乎不再创作汉诗，俳句的数量也明显减少。直到明治四十三年七月三十一日，漱石在从长兴胃肠医院出院去往修善寺之时，在森圆月氏留下的扇面上写下五言诗一首："来宿山中寺，更加老衲衣。寂然禅梦底，窗外白云归。"至此，漱石中断了十来年的诗兴俄而苏生。对此《杂忆录》也有所记载："住在修善寺其间，我常仰卧着吟出俳句，再把它记在日记里。也不时会不厌其烦地合平仄作汉诗，这些未定稿的汉诗也被我无一遗漏地录在了日记中。"（第五章）也正得益于此，后期风流的漱石为我们留下了许多优秀的诗作。对于漱石此时的心境，《杂忆录》随后的文字中更有着精细的记录，尽管篇幅颇长，但因为能够借此直观地了解到漱石的风流观，故而现将其中的部分内容引用如下：

　　我近年来已疏于俳句的写作了，至于汉诗，当初也只能说是个门外汉。当然，汉诗也好，俳句也好，这病中所作，于病中人而言不管怎样满意，在专家眼里也未必妥善（尤其是现代意义上的妥善）。

　　不过，我这病中所作的俳句汉诗，于我自身而言，好坏都是无甚关系的。平素无论心绪如何不畅，既自信拥有可堪尘事纷杂的康健，也得他人如此认为，便也就无甚顾忌地在生存竞争中日夜苦斗了。若以佛语形容，就是饱受火宅之苦，连同梦中也是焦躁难安的。有时听人劝说，也会心血来潮地在十七字里排布，在起承转合里拼凑，但到底还是心不在焉的，总也无法专注于俳句与诗之中。或许是现实生活中嫉妒欢乐的鬼影缠住了我的风流之心吧，又或许是对俳句的热爱、对诗的痴狂反而妨碍着对俳句与诗的写作，让本该怡然的风流之心变得焦灼起来，是而纵然写出佳句好诗，所得愉悦也不过是两三同好的评点，除此而外，所剩不过是内心深重的不安与苦痛。（第十卷，三四二、三四三页）

然而在生病之后，漱石反而得以从现实世界逃离，在闲适的春光里，他也有了推敲诗与俳句的安然心境。此时的吟诗作句，绝不是为了消烦遣闷。"我的心从现实生活的压迫中逃脱，重返了本属于它的自由，在获得丰沛的余裕之时，心间油然泛起天降般的彩纹，兴致亦勃然而生，这已然很让我欣喜了，而捕捉到这样的兴致再将其横咀竖嚼，成句成诗，则又是一喜。当诗与俳句渐成，无形之趣转而成为有形之诗，便是更添其喜了。至于这趣、这形是否具有真正的价值，我已无暇顾及了。"

　　漱石随笔式地写下了这样的病中风流产生的心理，然而这或许看上去更是一种艺术学的记述。其尽管与《草枕》的画家所说甚为相似，但作为漱石自己切身体验的记录，又具有别样的崭新意义。这病中的风流的产生过程，绝不是病态的、一时的，而是自《草枕》时代就已经存在的，或也同样适用于《明暗》创作之时那个午后的汉诗写作。在《日本艺术思潮》第一卷"晚年的汉诗与俳句"一章中，高青邱的创作心理与此亦非常接近。而这些对于漱石风流心的完全发现而言则起到了说明的作用。更进一步来说，即使是作为一般意义上风流意识的表现也是具有相当的意义的。而像南画家等的写意，或许就是这样的意识的产物。

　　此时的漱石已经脱离了关注结果的工匠态度，而是进入了令人神往的尊崇创作过程的境界。因而，在《杂忆录》中出现的诗作，比起站在诗人的立场上展示自己的诗才，漱石更多是在向同情者传递自己病中的心境。正如他自己所说："一瞥之间，只要能将我当时在如此情调的支配之下的生活的消息传递给读者，我就满足了。"而这样的"消息"的意义，正在于昭示同样存在于芭蕉等人那里的日本式的风流。亦即比之于作为小宇宙客体的西洋风的艺术作品，五绝与五七五则更适合作为主体的表现，作为一息音信的传达。

就像《杂忆录》所记，在捡回一条命的十来天之后，作为自身内部情调的象征，漱石写下了这样的俳句："秋江上的打桩声啊，声声入耳。""澄澈的秋空泛着浅黄，远处传来斧凿杉木的声音。"另有一首俳句，甚至漱石自己也不知其意，只是在辞别东洋城之时，一些梦境一般的联想萦绕心中，于是恍然而作："别梦悠悠，一道银河天际流。"继而，漱石论述了作为风流之器的汉诗与俳句的价值。

　　当时，我独爱风流之趣，这是西洋语汇中所罕见的。而在风流之中，我最爱此句所表现出的趣致。

　　秋风起，喉头也泛起了深红色。

　　此句毋宁说是对实况的状写，但总觉得颇有杀气，少了些含蓄的韵味，才要吟诵就已觉出不对了。

　　风流人未死，病里领清闲。日日山中事，朝朝见碧山。

　　（中略）我平素被俗事追赶着，连简易的俳句也作不得。至于诗，因为嫌麻烦，就更不曾动手了。只有像这样远远地静观现实世界，心境超然、全无挂碍之时，俳句才能自然喷涌，诗兴也会以种种形态浮现。等事后回顾，方知这才是我这一生最幸福的时光。也不知在不加规制的十七字与佶屈聱牙的汉字之外，日本是否还发明了别的足以盛放风流的器皿，倘若没有，此时此地，我也只能忍耐着这份不加规制与佶屈聱牙，尽享其中的风流了。故此，我也绝不会因日本没有其他恰到好处的诗形而感到遗憾了。（三四五、三四六页）

由此可知，漱石对传统诗形的认可程度是远高于鸥外等人的。（参照拙著《艺术论的探求》所收《鸥外观日本文艺》二八〇页）

此处，漱石仅将汉诗与俳句作为盛放风流的容器，但在《杂忆录》（第二十四章）中，漱石也有对南画的相关记事，他忆及少年时代在壁龛间，在库房里，或是在晾晒东西的时候观赏家藏的五六十幅画的乐事。在这些画中，他当时最喜欢彩绘的南画，然而到了晚年，却更中意《闲来放鹤》《烟波缥缈》《一路万松图》《青嶂红花图》《山下隐栖图》等这样品格高雅的淡彩山水画了。漱石自明治三十六七年起习画水彩画，很快就中断了，到了晚年则开始试作南画，也曾尝试设色相当精密的山水画。泷田樗荫氏曾努力让晚年漱石投入书画之中，他曾有记，自己一贯擅画的是以水墨为主的四君子图，而漱石"若有闲暇，则五六日闭门不出，绘制着色极为精密的山水画"。（新小说临时号《文豪夏目漱石》所收《夏目先生与书画》）漱石曾说自己对戏剧和音乐并无兴趣，"只对书画尚有几分自信，不敢说有什么深厚的造诣，只在看到精妙的书画之时，会油然而生心悦诚服之感。"（第十卷，七八三页，谈话《文士的生活》）当然这只是就鉴赏层面而言的，漱石对自己的作品是极为谦逊的："也有人请我写书法，但到底也只是自己的喜好，并未专门的钻研，也就羞于写给别人了。"但漱石还是想要不断精进画技的："山水也好，动物也好，花鸟也好，我想要此生能够画出一幅可以示于人前的画，哪怕只有一幅。"（大正二年十二月八日寄予津田青枫的书函。同日，寄予野上丰的书函中亦有此语）泷田氏便曾说过，漱石就那样执长柄的笔，"一笔一划地、细心地、凝神静气地描画着"，就像是手握一杆灌注着道法的笔。在漱石离世当年，他曾在夏古道屋看到福田半香的三幅对并询其价，得知是五百元时，漱石觉得价格太贵无力支付，便离开了，"我没法去买我喜欢的画，实为不得已，于是想要画出与自己喜欢的画同等水平的画来"。（大正五年八月二十四日寄予芥川、久米的书函）而且津田青枫氏亦褒赏漱石的山水画为"此画为先生一生之杰作"。到了晚年，漱石对自己的画作似也生出了一些自信，他说道："不管是绘画还是书法，但凡是自己屋中的东西，还是自己作的最好啊。"他还将自己所作数幅佳作装裱收藏了起来。

公允地说，漱石的书画在基础修炼方面确有不足，他并没有像良宽那样学习祝枝山、怀素以及秋荻帖并反复磨练，特别是南画，他也只在去世的五年前开始，画技的打磨必然是很不够的。不过比之入于规则而又超脱规则，不入规则即已超越规则也另有一番趣味。正如漱石自己所说的那样："我画的画，与其说它是绘画，毋宁说更像小孩的游戏。只要能表现出孩子的无欲与天真，就已经很高兴了。然而无论是绘画还是书法，若不多加习练，肯定连一幅都是作不出的，但若技巧过于娴熟，却又不免有行家的匠气，这也是令人不喜的。所以我也不懂怎样更好。"（大正二年十一月寄予门间春雄的书函）这也足可证明在业余爱好者那里反而存在着纯粹的美之憧憬。漱石的书法是师法良宽，但观其留下来的原稿，仍觉不免稚拙，他的设色山水则能让人联想到米山人，同时似又能品出几分高森碎岩的味道（参照《表装》第六辑、栗山弘三郎氏《夏目漱石先生的回忆》），可见漱石的山水中也还留存着水彩画的影子。专业人士见此或许会哂然一笑，但其间所表现的正是大正文人的特色，在那不甚专业之处，恰恰蕴含着大愚与自然的素朴韵味，使之免于熟手和匠人的弊病。我在学生时代看到那些南画的挂轴，只觉得是古色古香的古董，在毕业之后不久就参观了漱石遗墨展览会，他的山水画之美让我觉得异常新鲜，其中似乎还带着些洋画的味道，我清晰地记得这让我对南画的态度为之一新。最近，在东北帝国大学附属图书馆又有漱石的书画展出，这次或许是因为我自己也对中国画有了一些涉猎，看到漱石略带孩子气的书画时也不禁微微一笑，但确实也能感受到其中不同于市井文人画的品格。可见漱石的书画中颇有一些学生气和西洋要素，同时也能充分说明他的书画并不是墨守陈规的模仿之作。或许漱石山水画的这种魅力，正是他南画梦想的根基。《杂忆录》（第二十四章）中也记录了他的追忆：

面向着葱茏的山，有一处庭院，明媚的春光笼罩着庭院中的梅树，柴门前有小河沿着篱笆潺潺流过——这当然是画绢上的景象——这是我毕生渴望的住处啊，我对身边的友人说。友人频频看向我认真的脸，说道，你若真住在这样的地方，就知道有多不方便了。这位友人是岩手人。听了他的话，我有些后悔自己的啰嗦，当然也有些嫌恶在我的风流之心上抹了泥巴的友人的现实。

那是二十四五年前的事了。在这二十四五年间，我在不得已之中已经渐渐变成了那位岩手出身的友人的样子。比起攀下山崖取来溪水，我变得更喜欢给厨房安上水管。但是，我对类似南画之类物事的憧憬仍然会不时地席卷我的梦。特别是在病中卧床之时，我总是不断地在心中描画着云，描画着天空。

（第十卷，四〇八、四〇九页）

漱石的南画总是这样漫溢着他与生俱来的憧憬，故而总会给人一种这足以弥补他技巧的不娴熟、构想的缺憾以及写生的不足的感觉与感动。无论他画得怎样拙劣，也总让人觉得漱石绝不只是要表达这些。漱石的南画中，线条没有丝毫的霸道与矫饰，色调也几乎没有丁点野鄙的市井气，即使功力有所不足，却全无半点俗气，每一幅都具有高雅的品格。而他所描绘的世界，似乎尽是些带着几分古雅之气的仙寰风色，这恰是漱石那"席卷梦境"的风流心的栖居，也是不容错认的漱石的生涯。无论是怎样的画面里，总是飘浮着漱石在心中自然描绘着的美丽的云与天空，这是匠气的画中不可能存在的，亦是本就存在于漱石内心的风流的流露。

漱石喜欢自由的南画与怀素风的狂草，他并没有深入规则谨严的书画门类，单就这一点而言，漱石亦是与众不同的。从尊崇王羲之的书法与宋元画那样具备根本性法则的书画的立场而言，米山人的山水与良宽的书法可以说是规则崩坏的末流之作，在这一点上，我比漱石更加尊重书画中的专业领域。而良宽所谓的"三嫌"，嫌厌书家的书、画家的画之类，似与漱石是相通的。不过漱石也认可文人书画中的美的要求与艺术的意欲，他认为那是简单的炫技与放纵所不能表现的。

我们从漱石的小品文《子规的画》（第十卷、四四二至四四五页）中，亦可知漱石在坚持师法自然的同时，对守拙美德的尊重。如漱石所说，子规的东菊画，"仅三茎花，就须耗上至少五六小时，每一笔都勾描得一丝不苟"，单看他的画，就能看到他十分的努力，"以东菊为代表的子规的画朴拙且认真，他呵才成章的笔在器皿上作画的同时，也会忽而变得坚硬，锋芒毕露，我不禁微笑"。子规画中的朴拙，也难以掩蔽其中自然流露的孤寂。但漱石觉得对于被认为最缺乏"拙"味的子规得此评价，实在颇为有趣。他总结道："如果可以的话，子规是想将画中的朴拙之气发挥得更充分些，以取代他给人的寂寥感。"的确，子规的短歌与写生画中尽管表现出了朴拙之美，但那些被评价为"拙"的短歌与画其实并未将"拙"发挥到极致。在《子规的画》中，对于子规的评价有如漱石所说的"呵才成章"的地方，但漱石也早就在与子规的对照中认识到了自身的"愚"。漱石的文艺作品便是对带有几分"愚"的才华的显露，及至他的书画，也会给人以他的才华尚未完全展露出来的感觉。这也是漱石在书画道中一贯的坚持，即不损内之大愚，而磨砺外之大才。

我认为，漱石并不单单是喜爱放旷逸脱之风的文人画与逍遥游之人。譬如明治四十二年《永日小品》中的"挂画"（第十卷，一三八至一四〇页）一篇中，就有这样一则记事：相传王若水的葵之画从一位落魄老人手中流出，被一好事者收藏，而后被悄悄悬挂在四叠半的茶席上，其前就插着蜡梅花，清透脱俗。王若水与腊梅的调和，很难说是南画式的调和。而这样深沉纤细而又饶有趣味的风流，漱石应当是能够体会的。此外，在国华社展览会的陈列品中，有一幅钱选所绘的红衣人物图（或许是《桓野王图》），漱石便以"安闲、灵巧、高大"评价之。可见，漱石在谨严的写生之中也可见出价值。倘若漱石能活得更久一些，或许也会认真深入到院体写生之中也未可知。

在《日本艺术思潮》第一卷卷末，漱石曾经说过，风流需要"天巧"，关于这一点，漱石在大正五年十一月寄予富泽敬道的书函中也曾有言："在劳作之余作诗，是为风流。但你的诗却还未入其堂奥。我想，只有研读前人诗作并从内心涌起深深的感兴，方能作出更好的诗来。"（第十七卷，六一四页）从这封书函之中，我们大致可以明白，在禅修中，即使是年轻的禅僧，也须体味诗的感兴，当然这其间尚不可至者颇多，但这是漱石对风流世界中亦有风流法则的教导。对于漱石的风流，无可否认的是，它确实是从居于风流世界的漱石的生涯之中生发而出的，但是它亦为反风流的物事所压抑，如同背阴面一般，无法光明正大地现于人前。因而，于漱石而言，风流最终也不过是以其盆景一般的风致，作为余技点缀在他的行路之上。小说才是漱石的本道，而写生文、随笔、俳句之类则是漱石通过小说磨练而出的技巧得以施展的领域，因而漱石的这些文类也会广为人知。此外，汉诗也是漱石青年时代的修养，对此他曾说："诗之趣是王朝以后的传习，时至今日早已日本化，想要从我这辈的日本人脑中将其轻易铲除，却是不能够的。"（《杂忆录》第十卷，三四六页）而至于说书画，漱石似乎在鉴赏方面有着丰富的经验，可一旦亲自执笔，便难免显露出了他书画修养的不足。此外，漱石也说过自己写不好谣曲（《永日小品》之"元日"），现今也确实未见其有谣曲传世。而像其他的演剧、音乐之类原本也不是漱石的领域，反而也就没有会出什么问题的担忧了。唯独书画，作为能够表现漱石之风流的一大方面，恐怕会永远饱受诟病。而也唯有书画，可以成为漱石是否充分具备风流条件的切实标本。我认为，漱石确有充足的风流心，但他风流的技巧却并未臻"天巧"之境。及至晚年，漱石对于书画的热衷似乎都超过了小说，他想在《明暗》完稿之后就画上三幅对，而他对这三幅对的策划更在《明暗》之前（《文豪夏目漱石》一二三页，泷田樗荫《夏目先生与书画》），想来，若能有更多的时间，漱石或许确实可以到达"天巧"之境。

漱石的风流观便大体如上，正如我屡屡提到的那样，尽管他晚年的重要思想是"则天去私"，但作为"则天去私"的另一面，他的小说中显示出了挥真文学及道义要求压倒作为东洋传统的风流的倾向。因而，仅"则天去私"并不足以构建起漱石艺术观的枢轴。所以我想再次将目光投向漱石"则天去私"的问题，去探讨其与风流之间的关系。

其实，我曾有过仔细考察"则天去私"思想的打算，但因为相关文献的调查不甚充分，此处便只能将自己能够想到的观点罗列二三，以作为前文的补充了。其一，是受教于小宫丰隆。安倍能成氏《山中杂记》（大正十三年八月发行）中收录有《夏目先生的追忆》一文，文中便有关于"则天去私"的重要论说。这篇追忆文似为漱石死后翌年，即大正六年五月所写，因而应该要比松冈让氏的《宗教的问答》等更具确切性。文中详细记载了安倍氏对漱石的感想，这当然很值得去关注，但在这里，我主要想引用其中记有漱石遗语的部分：

> 我对先生无比追怀。那大约是先生去世前的一个月，因为没有当时的日记，也记不清具体是哪一天了。周四晚上去先生家的时候，先生看上去不太舒服，神情也有几分焦躁，眼睛盯着坐席，颇为明显。当时，坐席上挂着良宽的卷轴，关于良宽，我们似乎此前就谈论过。座中A君说道："先生，良宽的平和，是从一开始就那样的吗，还是他在修业的过程中达到的

呢？"先生答道："是天性使然。"（并非原话，但大意如此）

对此，我说："每次生完气之后，总想着通过修业变得平和下来。"但现在看来也是颇为冒失。先生听了这话之后神情略有不快，说道："这样想是不对的，生气的时候，谁都生气，良宽也不能免俗。只是不能执念于此。只在生气的当时生气就是了。"他认为，比之修业，平和的心境更意味着理性的开悟。我对此还略做了一些抗辩，但总觉得先生的情绪并不平稳，就没有像往常那样坚持到底。先生还说了一些前一年旅行中在京都寺院的见闻，但言语间情绪也并不高。

据文中记述可知，是夜，安倍氏抱着对漱石观点的质疑返回。此处虽未涉及"则天去私"之语，但我认为其所议论的正是相关的内容。而且接下来的部分则明确提到了"则天去私"的问题。

那是十一月十六日的事情了，我确定是我们最后一次"周四会"。那天，先生又变得像平常一样的平和，对着先生温和的面容，我这段时间心中的不平也不知不觉消散了。

当时，话题也转移到了先生所推崇的"则天去私"。先生也问了我一些关于托尔斯泰、陀思妥耶夫斯基的问题，可即使是在书序中，我对这些问题的观点也与先生并不相同。我在当时读到报纸上登载的《明暗》时，便觉得先生作品中对"小我"的表现要远比托尔斯泰与陀思妥耶夫斯基更多。这种印象究竟会不会改变，还需要再一次通读《明暗》。

十点过后，外人陆续离开，在最后只剩下两三人时，我对着先生表达了大致如下的想法：现今社会总是轻易肯定特权阶级，为了实现个人的利己主义，往往会受尽苦楚。尽管生活安乐的人想要活得更加安乐是重要的，但他们并不需要同情，与他们相比，让那些仅是活着就已经很难的人活下去才是第一要务——我当时说出来的话恐怕比这些还要更粗略——那么，自己的生活又该如何呢，利己主义又该在什么程度上予以肯定呢？这又让我觉得困惑。比如说，我现在为生活所迫忙忙碌碌，但又不能说生活里没有任何宽裕的时候。比如说，参加富豪朋友的婚宴，我为感谢他的招待送上礼品，这并不是非做不可的事情，但我还是做着这样的事，同时不顾别处还有生活无以为继的人。这样说来，若是仅考虑切实的必要性，人生也会变得暗淡且无聊吧。对此，先生的回应大概是说：自己并不会为这样的事情所累，当时想做便做，不想做便不做，而不会执念于此并为此苦恼。那心境就像是即便自己的女儿突然对一个臭小子一见钟情，也不会觉得惊讶了。（三○三至三○五页）

此外，另有森田草平的著作《夏目漱石》中的"先生与门下"篇，尽管与这则记事并不相同，但也谈及了"则天去私"。森田氏认为，易卜生与斯特林堡是提出"私"的先驱，托尔斯泰与陀思妥耶夫斯基的作品中则不乏以作者的意志强行驱使作品中人物的现象，而莎士比亚则是任由作品中的人物跟随自己的意志而动，因而更接近漱石的"则天去私"。而且漱石写作《明暗》的态度，也是将自己怎样看待世界放在一旁，不表现出自己丝毫的"私"，而让作品中的人物根据自己的意志、跟随自然的法则而动，其中便有如下记述：

> 这并不仅仅是艺术的问题，先生的日常坐卧起居似乎也不忘此志。在最后一个星期四——也就是十一月十六日的晚上——我与另一友人一道拜望先生。那位友人当时与一贵族小姐结了婚。我想赠他贺礼，但我的财力不允许我送出与对方家境相当的贺礼，即便勉力送上，我也会觉得相当苦痛。我甚至想着干脆就不送了，但那样的话我又于心不安。就连这样无聊的世俗小事，也会让我感到伦理上的苦痛，这实在让人烦闷。对此，先生说道，这正是因为还没有"去私"的缘故。即使没有贺礼，只送上祝福，心怀感激地接受款待，平心静气地参加婚宴，又有什么不好呢？假如真有人这样做，自己也一定不会介意的。

根据"后记"可知，此记事原题为"漱石先生与门下"，大正六年一月刊载于《太阳》上。其与上文安倍氏的记述稍有不同，但大约只是因为介绍同一个夜晚谈话时所采用的方法有所不同而已。

安倍氏的记述将前后两次的问题归为了一个，并针对"则天去私"的内容指出了如下几点。第一，漱石因自身苦于利己主义，想要从其中解脱，因而在作品中逐渐融入了宗教的色彩，亦即则其天，去其私，要求能够自如地处理眼前物事而不留任何执念，这样的要求实际上亦是根深蒂固且年岁久远的。它不只是艺术手法的问题，无疑也是漱石现实生活中的问题。第二，从素质及素养的角度来看，漱石显然与基督教确立人格神的超神论宗教距离颇远，他的宗教是泛神论的。而他对禅学、汉诗、文人画等的亲近，以及从泛神论的体悟中所得到的救赎，正是"则天去私"。即，他苦于自己的利己主义以及对小我差别化的执念，追求无差别的平等的、静止的、一元的世界，然而，怎样才能实现从执念到无我、从"私"到"天"、从差别到平等、从动到静、从二元到一元的跳跃呢？"想做就做，不想做就不做"的境界，确实是挣脱了束缚的自由天地，但到达这一境界之前的二元矛盾却异常激荡，若无法凌驾其上，则会陷入无望之中。漱石的解脱是理性的，但在实用性上却是薄弱的。一方面，漱石痛切地意识到了自己的利己主义，同时，他又无意识地表现出了颇为自由与洒脱的气质，因而，他一边在利己主义的陋室中抽泣，一边在开阔的户外呼吸着新鲜的空气。而这样的素质又为他的超脱提供了方向，对漱石而言，那或许就是自然之道，那样的境界或许是我们的通感难以轻易到达的地方吧。漱石是道德感极强的人，然而比之于在二元的对峙中努力奋进的意志的实用主义而言，他更是正视事实、静观事实的观察派，在他的身上，艺术的、美的态度更为凸显。在漱石的作品中，艺术与宗教并非如同托尔斯泰作品那般呈现出一种相互矛盾相互争斗的状态，毋宁说它们是一致的。漱石的宗教是一种艺术的宗教。漱石本是实证主义的，他对道德的解释亦是自然主义的。漱石并不是一个形而上学的思辨的人。因而，当对实证主义的坚守不能实现时，则会进一步对其加以否定，最终出现一个具有解脱性的"天"，而实证主义、自然主义的倾向，则是使其平稳走向泛神论的解脱之道的途径。事实上，这与漱石观照的艺术态度也是相调和的。

安倍氏的论述主旨大体如此，这与我对"则天去私"的解释有极为相近之处，也让我信心倍增。但是，安倍氏似乎对在二元对峙的世界中努力奋进的道德立场颇为执着，而漱石即使从道德的要求转向对"天"的寻求，其本质也并不是意志的、实行的，而是泛神论的。或许漱石观照的、审美的作品并未像其他作品那样饱受赞誉，但我认为漱石的风流正是蕴含在他的观照与审美中的，这是值得重视的。不过，关于漱石的艺术态度，我也认可他所憧憬的静的、一元的、自由无碍的世界，与超越动的、相克的世界中悲剧的感动同样困难。当然，在漱石的艺术，尤其是像长篇小说这样的文艺作品中，确实笼罩着浓重的悲剧性与道义性，这一点是无可否认的，但是，漱石最终所到达的"则天去私"，则是以超越这一切的喜剧性与洒脱性为中心的，事实上这也是漱石本性中存在的东西，因而不免会被认为是漱石唯一发展且完善的思想，而由此形成的"则天去私"也就带上了西洋风的客观主义、主知主义的风貌。假若漱石能够对其内部主观主义、主情主义的因素稍多一些重视，向着"则天去私"的方向去发展艺术，他的作品中就不会出现道德的劝惩主义，他或许会为作为日本传统的"物哀"之发展的"侘""寂"赋予新的形态，会让芭蕉的神韵在现代重生，会确立起象征主义的新风流思想。然而，遗憾的是，漱石本就是对日本传统的"物哀"与主情性兴趣缺缺的人。

翻阅漱石山房藏书的目录，他收藏最多的还是作为其专业的英国文艺作品，其他的西洋书籍也大都是他在评论文《东洋美术图谱》中罗列出的。而日本与中国方面的藏书则以画帖拓本、俳句俳文、汉诗汉文为多，语录及心学道话也占了相当比例，但和歌、日本文学、小说、随笔之类却实在稀少，这也暴露了漱石在日本古典方面的贫弱。他的藏书中虽有《源氏物语》与《万叶集》，但对于近世小说，他只藏有《八笑人》这一部代表之作。作为《我是猫》的作者，拥有《八笑人》是理所应当的，但没有西鹤与近松的作品却让人颇觉不可思议。在谈话录《我爱读的书》（十八卷，五五九至五六一页）中，漱石说道："我喜欢汉文，不过即使喜欢，最近却并没有在读。比起日本纤柔的文风，我还是更喜欢汉文。""对于和文学这种东西，我实在喜欢不起来。"在谈话中，他也没有过多说及日本的事，而是频频提到了梅瑞狄斯。而在谈及"对我的文章有所裨益的书籍"时，漱石道："我认为，在国文学中，太宰春台的《独语》、大桥讷庵的《辟邪小言》等很有趣。""对于和文这样柔弱冗长的文章，我实在喜欢不起来，我喜欢汉文那样强有力的雄劲的文章。"从漱石的谈话可知，对于煞有介事的俳文、《源氏物语》、马琴、近松、《雨月物语》等，他都没有兴趣，读西鹤时尽管会觉得有趣，却也生不起想要模仿他的心思。再如："昨天，略读了读白川所赠的《宇治拾遗物语》，只是略读了读，便觉得愚不可及。"（第十五卷，五四六页，明治四十三年九月十九日日记）看起来，漱石对于日本古典几乎没有什么认同感。对于《万叶集》的相关知识，他也相当缺乏，他尽管在《草枕》（第一章）中引用过日置长枝娘子的歌，在明治三十九年的记事《断片》中也可以看到相关记录，但也仅限于此，他甚至将子规歌中出现的万叶语"がね"（古日语中的接尾词，）误读成了"かな"。（参照小宫丰隆氏《漱石·寅彦·三重吉》）

在以《东洋美术图谱》为题的评论文中，漱石明确表达了其对传统艺术的观点。他认为，神武天皇以来的祖先事业有着决定今人前途的重大意义，但无论怎样重视过去，也很难将《源氏物语》、近松、西鹤视作足可装饰过去的天才，唯有美术，"是过去的日本人就已经拥有自觉且能够影响未来发展的事业"。但漱石认为，这美术的价值也不过是"未及全体的一种风致"，而"不幸的是，在文学方面，日本自古就没有足以向外国自夸的东西，或者说相较之下也有一些，但是却找不到能够真正昂首阔步于世界舞台的作品。而在文学之外，例如绘画乃至装饰品，反而得到了西洋人充分的认可。"（谈话《战后文界的趋势》第十八卷，五一八页）对于传统艺术的态度，漱石一贯如此，他说道，正因如此，一味模仿西洋并不是什么好事，日本需要尊重日本的特性，发挥固有的特色，创造出不逊于西洋的作品，他认为日本的成功不在过去而在于未来。但是在对过去的传统抱以强烈的爱，从中发现积极的价值，并以此为出发点进行发展方面，漱石并没有显现出多少热情。

漱石的这一观点，事实上与他的国家主义是同步调的。漱石并不是反国家主义者，这一点在他的"我的个人主义"等中有充分的体现，他对明治天皇的思慕敬仰之情也是评论家们所公认的，但是，若说他的国家观念强于个人主义信念，却也过于勉强了。正如漱石尽管有着对传统艺术的关心、对东洋风流的憧憬，却很难说这样的关心与憧憬足以压制他的西洋教养与近代小说的艺术观。漱石在大正二年十二月的演讲《模仿与独立》中，斥责了对外国报以恐惧之心的人，并宣称日本文坛的杰作并不逊于西洋的作品，告诫人们不要一味模仿西洋（第十八卷，四八六页）。在去世之前又一次告诫当时的"恐俄患者"（大正五年八月二十四日寄予芥川、久米的书函），但是同时，漱石自己对于俄罗斯作家也是颇为叹服的。

对于明治大正这一欧化时期漱石所持有的风流观，我是极感兴趣的。对此，我们不能将其单单看作封建时代的遗留，然而于漱石而言，比之于让这一风流的传统获得堂堂正正的发展，他缺乏开拓未来日本艺术沃野的自信，而是将其视为见不得光的存在，对于风流的传统，漱石并不是如同血亲一般不断地爱抚，而是带着几许遗憾之情的哀叹。可事实上若能使得日本乃至东洋传统中流淌而来的精神得到良好的生长，其亦可深化并丰富世界艺术之美也未可知啊。

十四

明治以后的风流论

至明治以后，论及"风流"的作家学者甚众，而且著作数量庞大，要从中搜集考察所有涉及"风流"的篇目，无异于大海拾珠，实在是一项大工程，只能留待后来的研究家去探索了。此处，我仅就自己目之所触的部分浅列数项，谈谈自己的感想。我认为，想要完全总结明治以后风流思想的特色是一件非常困难的事情，只能说大体而言，风流表现出了与"寂"的同一性以及与俳谐、茶道等相关涉的显著倾向，但这样的说法也并不是全无偏谬的。就以我认为的最早的风流论者藤村为例，他的观点便并非如此，最后来的华岳对风流的论说亦非如此。

我首先想要论述的就是岛崎藤村的"风流"思想，但因尚未有全面的调查研究，以后也还想进一步展开更深入的研究，因此此处仅就作为出发点的《文学界》时代的"风流"论稍加考察。

明治二十六年一月创刊的《文学界》，是基于对砚友社戏作风流的反拨而建立起来的人生主义的风流观。在这个意义上，可以说它给予了艺术至上的风流以人生主义的基础，或者反过来说，作为自然主义和人道主义先驱的人生主义，其上本就包裹着"风流"之美的外衣。这样一来，《文学界》人生主义的风流的本质，是对爱与激情的尊重，是在将其几近宗教化之处展开的对艺术理想的追寻。其中，当然有像主持者星野天知那样拥有禅的超脱性的智性之人，然而实际上，创作出优秀作品的青年作家如透谷、藤村等人，仍然是信奉爱与激情的人生派，他们所主张的人生的风流，便是于爱与激情遍布的世界见出诗意。不过单就透谷而言，他亦是一个悲剧的激情熊熊烧灼其身的人，他的身上或许稍欠风流的余裕之心。与透谷不同，藤村却拥有写出具备纯粹客观性的小说的余裕，而且那恰好是一个飘浮在朝气蓬勃的美的憧憬中的时代，因而必定会催生一种别样的风流。

我现因侨居仙台，手边没有《文学界》的原本，以下所记，材料皆出自增田五良氏著《文学界记传》，或多有遗漏之处，但我想这并不影响我们去考察藤村作为作家是怎样开启其"风流"思想的征程的。

在《文学界》创刊号的卷首，当时二十二岁的藤村以古藤庵为名首次登载了题名为《琵琶法师（悲曲）》的诗剧，这是他受莎士比亚与近松等的影响，在成为大戏曲家的热望的催促之下所写的剧作。而今看来，这部韵文体戏剧不免显得稚拙，但是他在结合人情之下突破近松风的抒情笔致，与天知、透谷板正的文风截然不同，也预示了其后《嫩菜集》《春》等作品的问世。藤村虽也在《文学界》创刊号的无声号发表过诗作，但此时他的志向仍然是成为一名剧作家，故而与之相伴而生的"风流"思想也自然是作为剧作家的风流。随后，他紧接着创作了《茶烟》（《文学界》第六—十号）、《朱门之忧》（同第八号）两部戏剧，并在《茶烟》的自序中写道："花飘落，水流淌，恋恋不忍离；人逝去，骨成烬，风流仍长存。"以此昭示戏剧内容的"风流"。而能够更精细地表现这一思想的，是藤村的随笔《马上人世感怀》（《文学界》第二号）与《人生风流感怀》（同第四号）。我因未得见其全文，故从增田氏的记传中引用《马上人世感怀》中的一段如下：

> 仅执迷于天地皮相而轻易厌世之辈，纵有闲暇，亦难体味人生之无限。为世情所累而置身名利沉浮之中，任由己身堕入俗情魔界，也就无所谓厌世或乐天了。厌世当真为是而乐天确实为非吗。实则达观之士，既无世人所说之厌世，亦无世人所说之乐天，其胸中别有无限春，更存有天地悠悠之风情。此境是为无量，是为无边，是为无限，是为极致，是为理想，是为风流，是为神。是故花月有无限之风情而基督有神之风情；流水有理想之姿而西行、芭蕉、但丁、莎士比亚皆有风流之姿。此皆为极致之境。虽为一笠而可包天地之广，虽为孤笛而能奏宇宙之曲。噫，人生漂泊天地而如浮鸿，万里浩荡却不知形骸可托何处。归去吧，归去吧，归于这无限的天地。予今骑于马上，而暗思人生。

其中，将"风流"与"无限""理想""神"等置于同等高度，认为东西方最伟大的作家均具备"风流之姿"，而艺术则是风流精神的具体化。而这样的风流，在鸥外那里，就是所谓的"美的理念"，在逍遥那里，是"没理想"与"造化"，在漱石那里，是"天"，是"自然"，到了藤村，则是对绝对的回归。但是，藤村所见的"风流"，并不是自然诗人所见的"风流"，而是与戏曲家、小说家所见颇为相近。也就是说，藤村看到的，不是花月，亦非神明，而是"人之姿"中所展现的东西。在沉浮于天地之间的人的命运中捕捉绝对，才是藤村想要表达的风流。关于这一点，《人生风流感怀》中表现得尤为清晰：

> 人生多风流，且难越风流之恋，雷音洞主称此为"风流悟"。今以天地之姿为风流而以风流之姿为幽玄。西行、芭蕉、沃兹沃斯与莎士比亚作品中的幽玄之境并不相同。西行的和歌、芭蕉的俳谐、沃兹沃斯的诗中那仿若与生俱来的寻花问月之幽情是极为相似的，因而，他们于旧二月的花下徘徊，于白河的秋风中感怀，于杜鹃啼鸣的山头思天地幽玄之风情。而莎士比亚则不然，他无须寻花问月而心中自有花月，身亦与天地合一，因而万物皆可入幽玄戏剧中。其不问清浊，将一切恋情皆纳入花月之中，使己身与天地、戏剧相混融，以吐灵心千年之风流。恋之一字，实在难言难论，若妄论之，其当为人生之杖，支撑人寻得短暂的人生风流，而人终其一生亦追怀着纯粹的风流之恋。

可见，"风流"由此产生了两个走向：其一，是如西行、芭蕉等人对花月自然中的"幽玄"的探寻；其二，则是如大剧作家那样对关涉人生的天地万物之"幽玄风情"的统观。藤村当然很大程度上是属于后者。类似的思想在户川秋骨的《自然私观》（《文学界》第二十五号）中亦有体现，其认为，西洋的思想在征服自然这一点上与东洋极为不同，其结果便是西洋文明"不表现风雅之趣"，但是，"这种不风流或许恰能引发一种大风流，人征服自然的结果，或如莎士比亚，如歌德，能够催生出大诗仙也未可知。"而藤村的大风流的根底，实则是广博的"恋"，而将"恋"作为风流的基础实际上与基督教爱的观念也颇有相似之处，也在一定程度上发挥出了《文学界》同人的特色之一。但正如文中所示，藤村也确实受到了雷音洞主（露伴）《风流悟》的影响。《风流悟》的题名中虽出现了"风流"一语，文中却只使用了"爱情""恋"等词，并将其提升到了宗教信仰的高度。但是，藤村此处的"恋"则与"风流"具有同质性，而且他特别论述了人生的风流是以"恋"为本质的。那么，藤村所谓的"恋"又是指什么呢？

"恋"并不轻视形骸。谁不爱慕恋人清澈的眼眸，谁又不贪恋恋人清灵的声音呢？而爱慕眼眸也好，贪恋声音也好，甚或是沉迷于那萦绕其身的香气，也都是对形骸的爱。然形骸之恋到底不同于"天恋"。鄙薄丑陋的形骸而欣赏清逸的形骸，实为小微笑界的妙致，然而却难以凭此一窥伊甸园的"天恋"。小微笑界有小微笑界的妙处，肉欲界有肉欲界的趣致，大微笑界有大微笑界的情韵。是故，形骸之恋有形骸之恋的乐趣，"天恋"亦有"天恋"的乐趣。人托生于此世，暂宿于形骸，喜爱形骸之妙，谁又能说是不知风流呢？然而欲以形骸之恋而得"天恋"之妙，却是不能至于无限的。谁又不是五十年后便会化为白骨归于泥土，又怎能与无限天地灵趣相比拟呢？月虽会与云短暂相交，可云终究不是月的伴侣。"天恋"与形骸之恋虽会表现出短暂的重叠，但形骸终究不会永远伴随天恋，形骸也无法影响天恋分毫。

此处认为，作为最高风流本质的"恋"，不是形骸之恋，亦非感觉之美，而是"天恋"，是精神之美。正如引文所说的"伊甸园的天恋"一般，让人产生关于基督教的联想。但在《风流悟》的结尾，也有"没有蛇的乐园"这样的表达，那是因"天帝之命"而缔结的婚姻，《风流悟》是露伴作品中西洋之爱的色彩较为浓厚的一部。而"天恋""大微笑界"的说法，与漱石"则天去私"的风流亦颇有相近之处，但其中禅的意味较为稀薄，因而，比之于东洋式的风调，其更多地弥漫着西洋式的氛围。但所谓的"天恋"与"微笑"的世界，其中却并不包含萧索的悲剧感的怜悯。

因为与天地共生的广博之恋，是一个充满着微笑的和煦世界，是高度乐天的境界。但是，在《马上人世感怀》中，藤村却将其理解为既不厌世也不乐天的"胸中别有无限春意的悠悠天地"。其中展现的是与世间的悲喜剧相对立的如同自然本身一般无悲无喜的境界。于藤村而言，他在其后成为抒情诗人，在小说、随笔方面更得大成，但他最终所渴求的，想来仍然是这二十二岁的梦想中所描绘的境地。是故藤村很早就放弃了对悲剧、戏剧的世界的追求，而是向着对天地一切——特别是人生——报以微笑的观照的方向前行，或许也正是因为这样，他并没有成为剧作家，而是成为了小说家。像这样早早地回避了人生戏剧化的纠葛，以清澄的观照的态度归入静悟的世界，可以说是相当日本式的心理构造了。然而，若更深入思考的话就会明白，藤村尽管以"大微笑"为终极追求并留下了"一日无幽默，一日多寂寞"（《自新片町》）的名句，但他本质上却并不是一个洋溢着微笑的幽默之人，毋宁说他是在悲悯与严肃中过着他一日日的人生。藤村憧憬着"天恋"的风流，同时，他又怀着对现实人生的悲悯于世间缓缓行过。因而，或许称他为人生派才更恰切，他的身上也有作为自然主义代表者的鲜明特征，即使是在他的新体诗中，比之于表现风流之美，他更多仍是在为了触及人生真相而吟唱。藤村的爱的本质并不是如"天恋"一般具有宗教感与精神性的东西，而是对现实人生的爱，是"即便像我这样的人，也在想方设法地活下去"（《春》百三十二，岸本之语）的心境。在这一点上，他与露伴超脱的理想主义迥然不同。

当然，藤村将所谓的"天恋"规定为"恋"的一种形态，是因为他本就站在以爱为中心的主情主义世界观之上。藤村"微笑"的含义，与漱石"柳绿花红"的禅宗超脱之境中的呵呵大笑相去甚远，而是一种饱含慈悲的爱的微笑。从佛教的观念来说，即为净土教的微笑，是自然法尔的世界；而从西洋教养的角度来说，其中则明显带有基督教慈怜主义的风格。诞生于其间的艺术，比之以冷彻的客观观照明镜止水般呈现万物，其本质更多是以温热的通感为对象赋予生命。当承认"微笑"中漫溢着温热的爱时，哪怕是藤村亦可被称为微笑的作家，当然，他更是一位拥有悲悯之心的作家。在藤村那里，我们几乎看不到漱石、露伴、鸥外身上那种锐利的气息和冷彻的头脑，而是一个彷徨在笼罩着薄云的混沌世界中的旅人形象。比起智性与意志，他更是感性的；比起"哦可嘻"，他的身上更多的是一种以"哀"为主的艺术气息。这使得藤村的人生风流彻底与"人生"联系起来，即使微笑，也并非呵呵大笑，而是带着忧郁与爱怜，这与作为"风流"之本质的清朗的笑、超脱的心境以及非人情的"哦可嘻"都颇为不同。所以我认为，风流之于藤村，不过是作为伴生物而存在的，藤村到底还是在以"哀"为中心的主情主义艺术思潮中确立着他的地位。

而且，《文学界》时代的藤村在这些作品之外也曾屡屡使用"风流"一词，这一方面是因为"风流"是当时的流行语，另一方面也足可证明"风流"的思想是藤村青年时代的理想。在当时，将艺术的理想与美的精神普遍称作"风流"是当时的时代风潮，藤村作为明治青年也如此使用着这个意义上的风流。然而到了大正以后，人们普遍认为这样的"风流"不过是浅薄的梦想，而藤村的"人生风流"中实则也潜含着反风流的意味。

在藤村之后，佐藤春夫是又一位写下风流论的诗人小说家。佐藤氏的《"风流"论》由三节组成。"一、序说"中，佐藤氏论说了他书写风流论的内在动机。他深感自己作为现代人，既是世界主义者，同时也是传统的人、日本人，因而很难不感受到风流的蛊惑。他回想自己昔年与谷崎润一郎对这个问题的探讨，在芥川龙之介、永井荷风、岸田刘生那样的现代艺术家身上可以看到的风流三昧的流传，他疑惑对于读者而言自己的内部是否也潜藏着那样的成分。

"二、插话"介绍了该文写作的外部动因。在杂志《新潮》大正十三年三月号"新潮合评会第十回"的记事"杂谈会"中，记录了当时交谈的盛况。久保田万太郎认为犀星氏所表现出的就是古来即有的"寂"，久米正雄认为"古来主流观念认为风流是意志的"，但犀星氏则有所不同，他的风流是"感觉的"，之后的三十分钟，席上展开了对风流的激烈论争。德田秋声也支持久米的说法："以往的风流，与其说是感觉的，不如说更是精神的。是如同禅修那样努力的修业，与如今奢华的茶道之流颇为不同。""从前大家的风流，实际上并不只是对道乐艺的精通，而是指具备东洋的宗教精神。"对此，佐藤春夫认为，即使为了达到风流的境界而经过了意志坚定的修业，但风流本身仍然是感觉性的，那是宗教之外的艺术的领地。荷风、润一郎、犀星、白秋等人自来都是感受性的，即使是漱石，在《虞美人草》《草枕》中也表现出了其感受性的一面。被漱石评价为明治年间最伟大的作家的泉镜花也是感受性的。唯有与漱石并称这一时代文人双璧的露伴，较之于感受性，其作品更多地表现出了一种意志力，在这一点上露伴可以说是一个例外，但露伴其人可以说是展现出了风流之士与东洋哲人的微妙融合。而古人芭蕉如秋声氏所说无疑是"努力"的，但佐藤氏认为，努力与享乐并非不可集于一身，芭蕉极具韵味的艺术毫无疑问是感受性的。此外，久保田万太郎将风流称作"着眼于原始精神的努力"，加能作次郎则认为，所谓风流，"必然产生于宗教上的意志力"，这与佐藤春夫的观念都颇为不同。——此《新潮》新作小说合评会的记事由此让我们幸得一见，但对于风流论，佐藤氏仅仅是停留在介绍的程度，并没有展开详细的说明。仅在合评会的记事中追记了佐藤氏所发表的议论的主旨，这次的合评会似乎让他颇感兴奋，而他的风流论中关于激情的论调也由此可知一二。

"三、本论"中，佐藤氏为风流的本质赋予了美学的、精神史的意义并对其展开了考察。所谓风流，是"物哀"，是"寂"，乃至是"物哀"与"寂"的日常生活化，因而佐藤氏断定，风流的核心就是学者所说的"无常感"。当然，"物哀"与"寂"并不能说是同一的概念，但佐藤认为"它们同属一条河流，只是在流淌的过程中随河岸风貌呈现出了两种弯度"。"无常感"是伴随着佛教一同传入日本的，佛教可以说是最具有哲学背景的宗教，然而在日本民族的传播过程中，其中所包含的哲学性却并没有被吸收——乃至在对佛教的吸收之初，只有无常感这样一种感觉——或者说情操被接受了。即使是思想性欠缺的日本民族，宫廷贵族间也存在着"哀愁是欢乐之果"的"物哀"的诗境。因而，风流在具备从佛教这样一种厌世的宗教中得来的感觉或情操之外，当然也携带着宗教的意味。然而那并不是宗教或哲学本身，而是作为感觉与情操的感悟，是一种艺术境界。这一点是相当重要的。

而这种无常感，产生于人在面对自然的悠久无限时对自身的须臾与渺小的感触。基于这样的觉醒，人在哲学、宗教层面尝试着各种各样的努力，但之于普通大众，萦绕其身的就只有这种无常感，于是他们在其间构筑起了不苦不痛的"物哀"的艺术境界——那种将瞬间与永恒同一化的微妙境界。可称其为"物哀"的"无常感"，归根到底就是将对生的执着与享乐压缩到了最小限度。"因生活而疲惫不堪的人在无意识的静止瞬间，其作为人的意志会如幻影般变得浅淡，浮现于他眼前的自然的悠久，会让他在面对包括你我在内所有人的最终归宿时产生一种乡愁般的哀愁情绪。但这并不意味着在其有限的生命里会去由心地渴盼死亡。""宫廷贵族并不会因为对生的不满而产生对死的期盼，相反，他们会因幸福的生活而滋生出过度的疲倦感，由此产生对宁静的希求。"而且，在面对自然的悠久而省悟到自身的须臾时，就已深知自身的幸福不可能如同自然一般恒久，难免会产生一种淡淡的悲愁，不过这样的悲愁并不会更加深重。而他们在这样表面浅淡却扎根深入的悲愁中发现了新的诗境，并轻而易举地解决了人在面对自然时的悲愁与惊异。这就是我们所说的"无常美感"，它是悲哀的享乐、厌世的享乐，当然，它也充满着颓废感。而这样颓废的诗情作为民族的诗魂，经历漫长的岁月而并没有丧失其魅力的原因，想来有如下两点：第一，它扎根于"可称之为人的觉醒的重大且历久弥新的事件中心",并且"直接向着其中心地带生长蔓延"。第二,"对于这一极具人类性、永久性的课题,在发现问题的同时,甚至还提出了一个解决"。

这一解决,并不是对抗自然、征服自然,而是将人类自身融入自然,视作自然的一部分,感受被自然拥入怀中,坦然地承认人是自然之子。这会让我们因自然与人的纠葛而生的苦闷大幅度地减轻,因为在这样的时候,人自身的意志是被压缩到了最小限度。而为了安顿人的意志,就需要一种意志活动,事实上佛教与哲学就为此提供了一个很好的范例,但"物哀"的诗人却可以在意志脱落的瞬间自然而然做到这一点,而那些短小的诗形就是在这个时候产生的。近乎于沉默与虚无的艺术的出现,奥秘也正在此处。那是人类最小限度的活动,在有与无的境界中存在的一刹那的感觉——无常感的根底。

但是,短歌并不单单表达一刹那的感觉,紧随那样的感觉出现的感激——毋宁说为了融入感伤,需要三十一字——但到了芭蕉,他摒弃了对无常感的感伤咏叹,只将自己压缩到最小限度的瞬间感觉抛掷而出。不得不说这是风流的巨大飞跃,是到达了象征的境界,捕捉到了主观界与客观界,亦即人与自然完美融合的瞬间,使得安然接受自然拥抱时的人的样态被精准描绘而出。就是所谓的"人非人,全为宇宙一存在"。可以说,人的意志的脱落在芭蕉那里被演绎到了极致,而在芜村身上,那种为风流而风流的风流意志则显得过多了一些,不免让人感受到"他对自然界以外是否存在着一个风

270

流界的探寻意图"。芜村所拥有的，正是与此种风流的意图相匹配的风流的感觉与风流的生活，因而不免堕入俗人的风流，而从这种"基于意图而产生的风流主义"中会产生出凡常的风流。真正的风流是排斥这样的意志的，它需要将人的意志极度缩减。因而，比起现代，古典中更有风流；比起小说，诗中风流更甚；比起聚合，独处更见风流；比起高谈阔论，拈花微笑更得风流。近代小说本就是对因人的意志而生的纠纷与葛藤的凝视，故而它与风流的艺术相对立，从这个意义上来说，巴尔扎克与芭蕉是文学的两极。

然而，作为风流的艺术的样式，尽管有近于沉默的即兴诗，有近乎虚无的单色绘，但它们并不完全是沉默与虚无的，而是作为需要表现的艺术贯穿始终。那是因为风流之人并不排斥活着，毋宁说他们更享受活着。虽然是最小限度的活着，但作为被自然拥抱的人，因而可以深切地感受到活着的价值。或许会产生对由人的意志构成的人类社会的厌弃情绪，但他们并不厌憎人类本身。"纯白的情热"用在此处便是恰如其分的。他们的喜悦并不会因人自身的意志而发光，只会在自然的映衬下才熠熠生辉，也就是所谓的"月光的恍惚"。像"味""清闲"这些风流之人所追求的东西，正是在人的意志从诸多束缚之中解放之后与自然的融合之中产生的。那不是被意志压缩的生活，而是享乐者拥有的丰饶的余裕。"即使凭意志构筑起了最小限度的自己，也不具备风流人所特有的诗的感觉，难以感知风流。""风流——至少是芭蕉以及其他人所完整表现出的风流，其核心是感觉的极度深化，而宗教感与哲学性无论表现得怎样彻底，都只是艺术。"风流之人即使思想深处存在着泛神论的哲学，也只会通过"以花鸟风月为友"的形式表现出来，风流中即使可以见出宗教、哲学的胚胎，风流本身仍然是对最小限度的生命的享乐。人活着，难免会有疲倦的瞬间，会有对人类社会的忧虑，风流之人却会永远生活在深篁的感觉之中。——此为佐藤氏的论述，在文章最后，他还引用了芭蕉《幻住庵记》的末节作结。

根据笔者附记可知，此未定稿作为"四、余论"——论述了"国民性与风流""颓废主义艺术与风流""关于东西两洋文明""中国的风流与西洋的风流""从我的人生观来看，为何风流没有价值"等问题，但总的来说只是泛泛而论。由此看来，佐藤氏似乎并没有为其所论及的"风流"赋予过多的价值，即便如此，他的论述读来仍然颇能引发人的共鸣。而且事实上，从佐藤氏当时的文风来看，被他称作"纯白的情热""月光的恍惚"的"风流"，未尝不是紧靠在佐藤艺术核心的。关于佐藤氏何以会有"风流为何没有价值"的断言，若能熟读他的全集或许会有答案，但遗憾的是我目前并没有那样的余裕，只能凭借臆测推断一二。我认为，佐藤氏所说的"纯白的情热"，与波德莱尔"苍白的情热"，亦即近代的颓废主义精神与风流的心境是一脉相通的，而且，"月光的恍惚"也是谷崎氏抱着对风流的消极性的恐惧，对素食主义美食的称谓。想来，佐藤氏在对风流寄予深切的同感之时，对其价值也并非没有怀疑，这恐怕也跟他无法舍弃被"苍白的情热"与肉食主义的美食所牵绊的心不无关系。谷崎氏只是担忧素食主义的艺术会有损于青春，而佐藤氏与芥川却并无这样的担心，但事实上即使没有这样的担忧，也会受素食主义的艺术的蛊惑。简单来说，东洋风的"风流"是潜流于这些文人的血液之中的，而西洋风的艺术的精神则是源于对文人的压迫，这是大正、昭和艺术思潮的时代兆侯。

然而在佐藤氏看来，在大正时代对"风流"这一传统审美展开细致反思，无论如何也是一件很令人不可思议的事情。这篇《"风流"论》在其后便被遗忘了，直到左翼艺术论跳梁之时才重现于世，最近随着对传统发掘的兴盛，佐藤氏的风流论被赋予了一种先驱者的意义。在《美术觉书》登载了《"风流"杂考》一文的水泽澄夫氏应当读过佐藤氏的风流论并对其进行了深入的研究，我后来在改造社版《佐藤春夫全集》第一卷中也终于读到了佐藤氏的风流论，这样的文章在今天来说已经很少见了。对此，水泽氏说道："通过反复阅读，感觉到这果然是一篇被遗忘也并不奇怪的论文。为了避免误解，说得更清楚一些，这从来都不是佐藤氏的问题，问题在'风流'本身。这一点需要我们时刻铭记。所谓'风流'，实在是一个含混不清的东西。"但是我并不觉得佐藤氏关于风流的论述有多么的"含混不清"，佐藤氏就是像我们一般所认为的那样是以芭蕉为中心去论说"风流"的。而风流的世界应该更加宽广，但像佐藤那样仅将其局限在一个狭小的范围却是当下人们对风流的普遍认识。而作为像这样以芭蕉为中心对风流本质的思考，佐藤氏的论说应该说是精到的、确切的。当然，正像佐藤氏自己所说的那样，他的论说，或多或少存在着将本来嫌厌饶舌的风流讲得饶舌的地方，也有比之于"风流"更贴合"物哀"与"寂"之嫌，而且有时也会给人一种他是在广泛地论述日本美意识史的感觉。也就是说，佐藤氏的《"风流"论》，还是稍有逸出"风流"这一主题之嫌，但不可否认的是，它并不是关于风流的漫谈，虽然多少带有随笔的性质，但总的来说仍然包含着充分的学理观察。

我尽管对佐藤氏的《"风流"论》给予相当高度的评价，但他的论述从某种意义上来说仅仅是将一些理所当然的通识论述得更加细致与美学化，并没有掘入人们的通识尚未触及的深度对"风流"加以探索。只能说是一个关于"风流"的优秀的通识性解说。即便是风流中的无常感——物哀——寂——与自然的交融——消极美的感觉等精神领域，他也并未整理完备，而那些佐藤氏未能关注到的地方，在当时来说也是并不难理解的。像久米氏与德田氏那样将"风流"视作意志、宗教的人，会认为芭蕉与利休属于特殊的风流人，与之相比，佐藤氏对风流的感觉性与唯美性的肯定，至少其思考方向是正确的，而且也具有相当的广度，只是说在视野上或有不确切之处。

佐藤氏的风流论也论说了风流可为爱与无我的福音，在这一点上，他吸收了藤村一派的观点，但与藤村相比，他更强调对自然的归依。在对感觉的尊重方面，又对人生派的方向有所背离，而是向着东洋的"侘""寂"靠近，使得比之于戏曲小说的世界，佐藤氏更多将俳谐的世界视作风流的中心。对此，寺田寅彦博士又展开了更进一步的研究。

寺田寅彦博士在《俳句的精神》（《俳句作法讲座》第二卷、昭和十年十月发行）中探讨了作为俳句精神的"风流"亦即"寂"。此文共分两节，第一节"俳句的成立与必然性"认为，俳句成立的根源存在于"将人与自然置于一处并视作一个有机整体"的日本人特殊的自然观，正是在将其象征性地加以表现的过程中，俳句得以成立。而在第二节"俳句的精神与俳句的习得效果"中，寺田寅彦认为，所谓俳句的精神，就是"通过自然与人的交涉将自然投射于自己内部，同时将自己映射于自然表面，从而以更高的眼界去静观两者的关系"的自然观与人生观。而"作者自己的特殊立场产生的必然结果，即是在俳句中附加了对内省的自己或批判或哲学的意味"，"无论是'风流'抑或'寂'，都是基于自我的反省与批判所获得的心的自由。"

　　"风流"也好，"寂"也好，从来都被解释为消极的、遁世的概念加以使用。当然，这有它历史的原因。即从佛教传来以后至今萦绕于日本国民之间的无常观以自然之势同样渗透在了俳句之中。然而在我看来，这只是一个偶然的现象，绝非俳句的精神与本质。对于从佛教的无常观中解放出来的现代人而言，也并非不能产生积极的"风流"与能动的"寂"。忙碌于日常事务之中的社会人在周末的闲暇忘却所有登上高山的心的自由，是风流；急于营利的财界斗士在清晨某个瞬间忘我地赏玩一朵菊花，不也是一种"寂"吗？让我们的心从日常生活的拘束之中得以解放，进入一种自由的境界，在这个过程中享受到足可内省的余裕，是风流；节制那不知饱足的欲望，学会知足安分与自我批判，不正是"寂"的真髓吗？

像这样作为积极的风流的俳句修习，"行动，让为了内心卑下的小我而失去的心的自由不再迷失，从而不懈怠地训练心与眼的敏锐度，也并不是没有效果的"。这样的俳句修习，是对自然的观察力的磨练，它意味着对从所观察景物中选择可以成为焦点与象征的能力的养成，而并非单纯的游戏。

这样的论说，也是基于将"风流"视作俳句所具备的特性，视作与"寂"相同含义的概念，其在摆脱佛教的消极性方面具备了现代的意义。然而这种所谓的"积极的风流"，仍然是指在生活的余暇享受短暂的自由，在这个意义上"风流"仍然被视作通往精神修行的阶梯。假若通过"风流"所获得的内心自由可以全面覆盖一个人的一生，从而使之成为真正意义上的"风流人"，日常事务与财界争斗之类的社会人的生活将与佛教一样遭到否定，那所谓的"消极性"支配的世界难道就不会出现了吗？根据这一论说，"风流"的消极性实际上就是一种超越性。然而相应地，"风流"的位置也难以被消极性的东西所掩蔽。"风流"并不是要积极地肯定其消极性，而仅须视其为次要即可。故而，这一说法与松平乐翁和安积良斋的风流观颇有相似之处。寺田博士并不是堪称"风流人"的艺术家，他终究是一个虽对"风流"抱有理解之心，却仍将其视为消闲余技的学者。芭蕉等人将"风流"视为夏炉冬扇以否定其社会积极性亦即实用性，同时将其作为参道造化的唯一途径，视为具备高度积极性且可严格掌握的方法，其中完全不掺杂功利的要素。所谓风流的消极性，本就不是基于佛教的无常观产生的，确切地说是基于美的无常而产生的。

几乎与此同一时期，出现了武者小路实笃的《关于风流的杂感》（《俳句研究》第四卷第六号，昭和十二年六月），其所表现出的思想也颇有类似。这是文人的感想，因而是非常直观性的文章，很难在其中看出理论的统一性，但仍然可以大体了解，武者小路实笃所认为的风流，即在与自然合一与无我之境中见出东洋的、日本的精神，这与主张自我的西洋精神形成了强烈的对照。现将其主要论点摘录一二如下：

西洋的宫殿庭院尽管有趣，却绝非风流。行道树的枝叶一律被修剪成长方形，尽管整齐，亦实非风流。

风流需要重自然而轻人力，需要充分地发挥自然之力，当然这并不意味着放任自然，而是自然的微妙与人心的微妙相互触发，演绎出优美的旋律。

风流是忘我，是无心。当自我意识凸显时，风流则会隐匿。

我也喜欢不风流的艺术。我爱米开朗琪罗，也爱风流。风流不属于巨人，却回荡于无我之境。

比起现世性，风流是忘却现世。凝望月亮，觉得美不胜收之时，风流之心并不会让我充满活力，而是让我忘记自我。

华美的花是对人力的赏赞，那会让人骄傲，人也将远离风流。

风流需要爱情，但需要的是淡淡的爱情，过于热烈的爱会让风流不再。为爱悲戚，会走向风流的反面。

也就是说，之于风流，优雅必不可少，因而，爱须浅淡。风流偏好优雅，故而恶浊的趣味当然为风流所排斥。

因而，沉溺于欲望的人无法成为风流人。颓丧也好，俗恶也好，都与风流无缘。

风流亦是对自然轻浅的爱，是对它真实模样的欣赏，不可带上过多的人情味。

风流是东洋的，是偏爱清淡的日本人的喜好。

风流是对自然的礼赞，是对"物哀"的感知，是对"寂"的体味，是对宁静之美的憧憬。

宁静，或有几分消极，但这消极是对自然的回归，是对私心的摒弃，是想要复归人力不可及的世界的愿望。

风流不是生命的、活动的，而是休止的，但绝非堕落，它是对超越生命的憧憬。世有风流才子，好女色者中亦有风流之人，然而沉溺女色虽能乐享风流，性的欲望却也有害风流。风流中没有嫉妒，没有利己，它是无我的，非人工的。

风流是平和的，同时，也必有几分孤独，是对人类社会以外的世界的憧憬。

故而，知风流之人，亦知人以外的世界。他们会对不随人生命终结而终结的事物抱有广博的爱。

没有风流心的人，对自然并无兴趣，若有风流心，则可以从自然本身获得乐趣，故而会憧憬着超越生命之上的物事，感受到一种即便生命终结亦不会终结的妙味。

在自然的深处，或许存在着寂寥，存在着优雅，存在着余韵，那么，去感受它们，怀念它们，爱怜它们，当为风流。

这样的爱意外地浅淡，同时又能穿越现世的虚空吸引我们。

自然仿若亲人，对这个亲人的爱于我们而言或许陌生，因而这样的爱必然浅淡。

虽则浅淡，却永恒。那是昔日陶渊明之所求，西行、芭蕉、良宽之所求，亦是今世人之所求。无论于谁而言，都是无价的，即使是乞丐。可人们却依然汲汲于人世间。

为爱情支配的时候，无法感受风流。

风波涌动的湖面，无法映照周围的山色。想要映照周围山色，则须湖面静止无波。

是故风流亦须平静的内心，需要不为任何事心旌摇漾的内心。

是故风流须避免与人相争，平和最为重要。东洋人知风流，于是有了南画，有了这享受自然、喜爱平和的艺术。不解风流之人，不可语艺术，不可话人生。

这样的风流，显然是俳谐与南画等中表现出的风流，与古代、中世的风流还是略有不符，不过风流的最终归着点与意识形态仍然是通向此处的，可以说还是触及了风流的本质。

武者小路实笃的风流论，说到底是以艺术家的热情积极地肯定着风流的消极性。然而同时，与之相对立的以征服自然为生命的西洋的人的艺术，或即使是在自然中仍然对"正午的太阳""老虎与狮子""具有强大威力与凌厉威势"的高山以及自我主张的世界有着不逊于风流的喜爱，认为"缺失风流以外的东西"是一种缺憾，并与米开朗琪罗式的巨人审美相并举，显示出一种"兼好风流"的立场。当然这并不是生活在风流之中的风流人的立场，但至少没有将风流置于与反风流相对的次要的、从属的位置。在这个意义上，可以说这也是古来的风流思想中最积极地确认风流价值的观点之一。而且，因其未经与反风流的价值的对决，恰恰使其具有了被讨论的余地。

在现代的画家中，虽也有其他人论及"风流"，但我最为关注的还是村上华岳及其如下的感想文：

我总是在思考"风流"。不，与其说我在思考"风流"，毋宁说我是在思考那些思考风流的世人的风流并不是真正的风流，真正的风流从来都不是那么无聊的风流。

所谓风流，并不是俳谐或茶。不，风流或许也寄居在俳谐与茶之中，但真正的风流的根源，在太阳。

太阳的光辉普照着自然界，普照着地球，普照着月亮，月亮的光又普照着人间。那月亮的光也会在叶尖的露水中驻足，让露水闪动着"大风流"。风流并不是俳谐师与茶人所思考的乏味的东西，那些人思考的风流，或局限或歪曲或僵硬，实在与真正的风流相去甚远。真正的风流，应当是释迦所说的开悟之境。

我愿生于真风流，而不想秉持一种将俳谐的语言、茶道具的古雅，以及那些把勉力效仿枯寂的伪风流视作风流的错误观点。

熊熊烈焰必然拥有世无其类的神秘。红的、黄的、蓝的各色火焰的交融又崩裂，烈烈焰火的翻飞不就恰如生命的激荡与震颤吗？那实在是自然所能表现出的最幽妙最真纯的姿态。这样看来，拜火教对火的膜拜与敬畏也就并不难理解了。

火焰的翻飞，亦是"风流"。我想，作家是无法对此视而不见的。按说，无风流，不艺术。然而世间仍然弥漫着不能称之为艺术的艺术，这样不能称之为艺术的艺术在世间流布，作家也好，世人也好，都将其误认为真正的艺术，实在是严重的谬误。而我们的责任，就是要纠正这样的谬误。

艺术家究竟是抱着怎样的终极目标创作艺术的，我一直在思考这个问题。艺术家如果仅仅将艺术看作生活的资赀，那必不是艺术。不，更确切地说，在那样的状况下，艺术无从产生，无从成立。

艺术家的目的，在于自己的精神，那里必然存在着"风流"。然而，艺术家究竟因何而动，仍然很难被完全了解。也就是说，优秀的艺术家大约是不设目的地信步而行。这实在是个无意义的话题。

作家理应在艺术中坚定地确认自我。世上最不风流的事，大约就是以艺术谋生了。艺术或有助于作家的生活，但不可全凭艺术供养衣食生活。

我至今都清晰地记得，在我进入美术学校的时候父亲对学校的老师说了这样的话："我让犬子学画，却不打算让他以此为生。我想让他通过别的方法供养衣食。"我确实也如父亲所说的地画画，丝毫没有违背，即使到了今日，我仍然没有想过要以绘画所得作为衣食资费。

此时的画，美且气派，但无论画多么美、多么气派，那都是次要的。若其中无灵魂，无论此画多么美、多么气派，都无法令人满意。若不注重画之为画的根本，美与气派也只是徒劳与堕落。（昭和十三年十二月《大每美术》所载，《华岳作品集》所收《风流菩萨》全文）

由此可以看出，村上华岳此文是在与世俗之作相对的真正的艺术精神与有生命的艺术本质的意义上使用"风流"的。文中以"火焰"指代风流的显现，这样的说法甚为奇特，只有阅读了他的下文才稍能理解。

我虽不批评别人的绘画，但现在的画，大抵都忘记了"风流"一味，即使是我去看，也难有受益之处，倒不如不看了。我是"风流"的信徒，那些没有"风流"的绘画我是看也不想看的，看了大抵也只会觉得无聊。我常关注优秀的西洋画，自觉可以体悟到其中的妙味与真谛，我也喜欢吟味那些中亚地区出土的艺术、学问，那流淌于印度古老宗教中的精神，而我最为专注地表现在我的绘画之中的，就是日本民族固有的"风流"思想。因而总觉得再没有比那些不"风流"的绘画更趣味低下的了，简直观之就让人烦厌。

关于"风流"，我模模糊糊觉得它应该是抽象的，不为外物所束缚的，但是"风流"本体究竟居于何处呢？这仍是我想要探究的。若说佛的本体，其威容所散发的光芒可谓"风流"；若说月的本体，月下露珠堪称"风流"。佛若无光，月若不与露水相伴，想来也是没有丝毫余趣与风韵的。我认为现今的大部分绘画都不具备这样的余趣风韵。（村上华岳《画论》）

这样看来，"风流"似乎就是余情、风趣与韵致之类了。但它并不仅仅是对古风的枯寂趣味的揣摩，也是对蕴藏在光焰一般激烈气魄之中的神秘的追求，这一点会让我们想起晚年华岳的作品，那也是对日本风的余韵之美的回归。村上华岳所论说的"风流"，其内部也蕴含着严格的积极性，而华岳自身也是豁出生命捍卫着这一点，他几乎是秉持着一种宗教的态度想要以此去拯救社会，这样的华岳很容易让人想到芭蕉。事实上，不得不说，华岳的作品在其象征性的深度方面也确实到达了可以与芭蕉比肩的程度。但是华岳拒绝以绘画谋取衣食资费，不过也并没有到以衣食用作绘画费用的程度。而且，他尽管关注西洋画与中亚出土的艺术品，但他并没有将那些绘画与艺术的精髓归于"风流"，而是在面对这样的外来艺术时，更加明确了对"日本民族固有的风流思想"的关注。在华岳这里，风流几乎成为了最根本的东西，它并不排他，而是展现出了对其他审美特性的统制力。而风流之所以能够居于最根本的位置，并不是因为那些奢华的风流，而是这样近乎于宗教性的坚持，而华岳的佛教画与山岳画便以其极度的崇严与神秘印证了风流的宗教性，这是需要我们注意到的。然而，华岳在其创作初期也曾经描绘花下宴游的浮世绘风的男男女女，而他的裸女图与菩萨像也呈现出了于清净之中潜含艳冶的画风，这一时期的华岳绘画以好色与神圣的链接展现出了风流的特异性。

可以说，华岳的风流观显示了现代风流的究极，然观其作品，却会切切实实地感受到他对西洋写实主义的吸收，而华岳的山岳画对现今文人与批评家的吸引力很大程度上也正源于此。这不免让人产生疑问，华岳将"风流"比作菩萨的光芒与泛着月华的露珠，是否是将其作为风流的本体在影射一些真实的事物呢？也就是说，风流意味着最高的艺术魅力，其中蕴含的无限神秘性也被视作风流的根源，因此风流中也包含着一些象征性的意义。而这一风流的根源，之于华岳绝不单单是西洋的，更是东洋的，其中也包含着"风流"被重之又重的理由，即使如此，风流也不仅仅是风流本身的问题，我认为其深层的东西更需要我们进一步探索。而且即使不以风流为阶梯，或不将其视作非根本的东西，而是以风流为象征，也需要被象征物或被象征的内容中的至少一种。这样一来，不禁让人发问，这其中真的没有宗教的成分吗？事实上，我们即使说华岳作品与论述中所传达的终极的东西就是宗教性的也不为过。在华岳的绘画中，那令人意想不到的描绘实物的线条以及巧妙包裹着人物的晕色，都极具宗教的象征性，而他在画论中的语言运用，较之其他人而言，明显带有求道者的姿态。若说"风流"是华岳的本质，那么"风流"一词势必是被用作了现代化的、象征化的概念。当然，华岳的隐逸风格与风流的情趣是吻合的，但他求道者的端严却或多或少有逸出风流的范围之嫌。

与此相对地，真正追捧风流生活、在生活中践行风流传统的现代风流人，当属西川一草亭了。对于此人，我所知甚少，也没有看过太多他的艺术作品，此处所说，或许难免有揣摩臆测的成分，但仍想通过其生涯与作品一窥现代风流人的风貌。

在一草亭殁后刊行的遗作《日本插花》中，附有其子西川懦所书《一草亭略传》，据此可知，一草亭本就是插花世家的家主，自元禄十四年所生的流祖去风算起已是第七代，不仅如此，他也习学四条派的画与汉学汉诗，精通茶道，对于一切风流传统可谓是身体力行，并致力于传播传统风流，后又刊发了季刊《瓶史》，是真正提倡日本趣味的人。另一方面，他也并未忽视自身西洋方面的教养，在他的相交好友中就有像浅井忠、津田青枫、夏目漱石、高安月郊这样的西洋画与西洋文艺研究的大家，但在此期间他同样注重对日本美的精进。漱石门下几乎都是偏重西洋风的人，不过也有像一草亭与东洋城这样偏好日本风的友人，漱石便曾写下"剪下牡丹枝，且待一草亭"的俳句，可见漱石也是有这般风流氛围萦绕其身的一面的。而且他还为一草亭挥毫写下"一草亭中人"的卷轴。不过一草亭也绝不仅仅是隐逸亭中之人。大正五年二月，他于南禅寺畔聚远亭举办花会，以新作的花屏风艳惊四座。同年三月于京都美术俱乐部举办春季花会，展出了西行、芜村、光悦、光琳等六十多名艺苑名家的插花新作。昭和三年又同在此处开展插花时代展览会，展览了自东山时代至现代的插花，陈列出了花道的古书，观众多达两千人。昭和五年，开办青枫日本画展览会与益庭展览会，昭和七年在东京开办茶会与茶汤座谈会。而且他还屡屡在广播与讲习会上举行讲座，亦有《茶心花语》（昭和六年二月）、《风流生活》（昭和七年二月）、《风流百话》（昭和八年一月）等著书问世，可以说一草亭的社会活动也是相当引人瞩目的。他甚至还于昭和八年在大阪三越开办了一草亭好衣裳展览会。因而，一草亭并不仅仅是风流的宗匠，亦不只是一草亭中的隐者，说他是于大正、昭和年间创造了日本之风流的人也不为过。

对于模仿风流之事，一草亭素来并无兴致，他畅游于各个风流的领域，新意频出，在丰富了风流的式样的同时，也深入地探究作为风流之根源的风流之心。西园寺公甚至赠其"花里神仙"的书幅。在昭和十三年三月，一草亭去世的前一天，他还于草花寮的病榻展开画纸，写下"风流一生涯"五个大字。正如他自己所说，他是在风流之中走完了自己的一生，走向了神仙之境。在那个风流多偏向于资本家的游荡享乐的时代，一草亭的风流虽则表面与之有所相似，其内里却蕴含着守道者一丝不苟而又带有几分悲剧的决心，而绝无浮薄的游荡者的面影。他在大正十五年的《一草亭日记》中，便有这样的记事："风流生于劳苦之中，若不知劳苦，必不解真风流。生于富家，暖衣饱食而不知世间风浪的镇日游惰之人，应不知风流真味。风流生于劳苦之中，恰如树木的摇曳之姿，生于风雨，生于日晒，生于岩壁之间。"在《插花的历史与史迹》（《日本插花》所收）中，一草亭也写到了将军义政避开豪奢宴游，在银阁这样清寂的山麓静观庭树、庭石、插花等无心之物的事，风流便可以医治生于乱世惯见纷争之人的苦闷，亦可教人忘却凡俗生活的烦累。一草亭的观点，就是只有像这样尽知人生烦苦并具备敏锐的感受力的人才能体悟风流之味。也就是说，"寂"中也必然潜含着华美，只有亲身体验过人生荣枯浮沉的人，才能品味出泪水的美妙，才能触得风流的醍醐真味。若是单纯的幸运儿，或者一味沉溺在不幸中无法自拔之人，都无法到达风流的境界。风流，必是将悲剧加以升华而使之具备了喜剧的况味。在这一点上，一草亭可说是尽得风流真谛之人。

一草亭的"风流"，若要比之于现代的说法，或许与"寂"的精神极为相近。那样的"寂"中也蕴藏着华丽，就如《徒然草》中那遗落了贝壳的螺钿，只有谙熟奢华却又经历没落的人才能体味得到。而"寂"的风流是以平和的物事及对自然的爱为基础的，它可以调节充满争斗的人间世界，这也是"寂"的艺术兴荣于武士时代的缘由所在。无论是将华奢孱弱视作风流，还是称畸瘦古旧的脆弱之物为"寂"，或许皆是因为面对那样的简陋贫弱，人会感受到全无威压的舒心。而十全十美的物事，会诱发人的欲念，让人升腾起强烈的自我意识，此非风流。说起来，日本人一方面有着激越的情感和投身战争的勇猛，同时又热爱着能够缓和这种酷烈的平和的"风流"，而日本国民性中的风流想来也正根源于此。——一草亭的这一思想在《日本插花》卷首"风流与插花"中阐释得最为明晰。

而在《风流百话》卷首"风流国日本"中，一草亭也认为，日本原本就是具备风流素质的国家，尽管物资匮乏，但在秀美自然中与自然共生的日本人的心生来就蕴养在插花与茶汤之中。据《插花见解》（《日本插花》一节）一文可知，插花一道，从花之色到花之姿，所表现的是各种不同的情感，展露的是自然生活的侧面。茶道则是将朴素的农家原始生活之乐移植到了都市之中。

读一草亭方知，他的著作广涉插花、茶道、香道、造园等不同领域。《风流百话》由三十五章构成，以《风流国日本》开篇，包含《寂》《季》《物之美》《竹田瓶花论》《义政与秀吉》等诸多篇目，涉及问题极为广泛，当然总的来说也并未逸出茶与花的世界。因此可以说，一草亭的风流是纯粹的风流，是对日本传统的严正承继，当然也就缺乏露伴、漱石、华岳等人那样的新颖，因而很难以之作为现代风流的全面代表。然而我们却可以通过一草亭去窥得风流的神髓。只是在艺术理论畅行的今日，想要从这个原本就并非学者的人那里探求坚牢的理论思考痕迹，确是困难的，他的论著也都是随想式的书写。

最后我想还是有必要对学者关于风流的学术性研究略加概述，只是若要一一引述评论，不免有叠床架屋之感，何况本书本就对其中相关的研究成果有所采用，因而此处仅以年代为序列举几部主要著作。其中，既有实证的研究也有理论的著作，既有纯粹的学术论著也有偏于随感的作品，现将其罗列如下：

武田祐吉：《风流之道》（昭和八年四月《短歌研究》所载）

水泽澄夫：《"风流"杂考》（昭和十一年一月至十月《社会及国家》所载，后收录于《美术觉书》）

九鬼周造：《关于风流一考察》（昭和十二年四月《俳句研究》所载，后收录于《文艺论》）

池田源太：《风流的古义》（昭和十四年一月《瓶史》所载）

栗山理一、池田勉、莲田善明、清水文雄：《风流论讨究》（昭和十三年十一月至昭和十四年三月《文艺文化》所载）

栗山理一：《风流论》（昭和十四年十二月刊）

远藤嘉基:《风流考》(昭和十五年四月《国语·国文》所载)

远藤嘉基:《风流的展开》(昭和十五年六月《形成》所载)

远藤嘉基:《王朝的风流》(昭和十五年七月《文艺文化》所载)

木下桂风:《风流开眼》(昭和十七年刊)

大西升:《浮世与风流》(昭和十七年九月《解释与鉴赏》所载)

此外,虽不以"风流"为主题,但《风雅论》(大西克礼)、《风雅抑或俗情》(小宫丰隆)、《"雅"的传统》(《文学》昭和十八年十一月特辑)中的诸论文也涉及了颇多关于风流的研究。

后
记

在"风流"的思想从中国传入以前，日本其实已经存在试图窥其萌芽的态度与心境了。但是作为一种确切的思想占据人们的意识，还是在中国的相关思想传入之后。事实上，这与明治以后西洋风的哲学、心理学等涌入并促使日本的美学、艺术学等学科成立并无二致。

作为"风流"一语的训读使用的"雅""操"等词，或许在中国思想大幅进入日本之前就已有使用了，只是其用例现今已难得见。这些词汇或被认为是"风流"等汉语词的训读，又或许正是因为被用作"风流"等词的训读而得到了广泛使用，真相到底如何现在已很难有明确的事实依据了。但可以肯定的是，这一从中国传来的思想，恰好吻合了日本人的好尚，并与日本的固有思想碰撞交融，渐渐呈现出了独特的样态。

"风流"一语在中国自古就包蕴着政教方面的含义，其最初的所指便是先王之遗风余流。然而一经传入日本，便表现出了与日本的"雅"极为相近的内涵，并向着好色风流的方向发展，可以说这反而才是"风流"在日本的主要含义。换言之，日本是将官能之美与艺术意欲中所能体现的非凡价值与所能到达的卓绝高度称作"风流"，其具有与"雅"相结合的倾向。特别是到了平安朝末期，因很难找到"风流"与"雅"相合流的明确证据，严谨地说这两股思潮仍分属着各自的流域，然而究其精神内奥，其中深刻的内在关联性却是显而易见的。当时大致是分场合而用之的情况，若使用日语，则会说"雅"，而在以汉文书写时则会写作"风流"。作为"风流"一语的训读，"操"（情操）、"情"（情趣）、"面白"（情趣）等词与"风流"的接近程度显然是有逊于"雅"的。

在平安时代，基于宫廷贵族美化生活的需求，"雅"与"风流"的风气得以形成，并将"风流"向着美的方向推进，呈现出了与中国晋代所称的"晋风流"极为类似的审美风潮。可以说与形成于希腊的西洋审美形态相类的，是晋代的"风流"及平安时期的"雅"确立了东洋审美的典型。观东洋特有的书道艺术即知，晋代的王羲之与平安时代的三迹[1]，实则代表着中日美之样式的完成。西洋以人道主义为中心的美与艺术通过雕刻、戏剧确立了其相应的样式，并在古希腊已经完成，可以说其后便再无更多深入。而东洋气韵中心主义的美与艺术，在东洋独有的书道精神中寻得了归着，并在晋代（以及随后的唐代）与平安时期发展成熟，此后出现的美与艺术亦难出其右，这即是在美与艺术世界中所树立的古典的审美意识。这样的古典审美意识的核心，在西洋便是人们通常所说的"美"，而在东洋则表现为"风流"（或"风雅"）与"雅"。

1. 三迹：平安中期三位擅长书道之人，即小野道风、藤原佐理、藤原行成。

而这一堪为东洋"美"的指称的"风流"，究其本质，便是于精神根底里蕴藏着书道气韵的状态，比之西洋的、希腊的美更具浪漫性。王羲之的草书与日本连绵体的假名，无论怎么看都会觉得比希腊风的整正典雅要更具浪漫的空灵流逸之趣。而且，正如东洋没有真正意义上的人道主义，事实上也没有产生纯粹的古典主义。书道中所表现的古朴浪漫的美，不过是一种极富象征意味的美。总之，在规定美之典型的意义上，可以说"风流"与"雅"在古代东洋世界达到了纯熟。当然，对于东洋美与艺术归着于书道精神这一点或许也会有人质疑，但无论文学艺术、造型艺术、音乐、戏剧，都与通过运笔与构形将象征性与形式美结合起来的书道精神极为相类，事实上书道在诸种艺术中也占据着绝对的高位，同时也具备着根本性的意义。书道可以说是一种具有运动感的艺术，而茶道、香道等作为东洋独有的艺术，则给人一种在庸常中见出高贵精神的审美感受，其是通过生活与艺术的贴近使得生活实现艺术化。而西洋的艺术则恰恰相反，是以艺术的生活化为旨归的。

　　就"风流"而言，比之使艺术贴近现实生活，其显然更倾向于使生活靠近超脱的艺术，这事实上正是"美"的救赎功能。而将现实生活拉向审美境地的态度，其实是与东洋人的宗教观念相吻合的。他们在封建制度中生发出的对社会生活的逃避之心，也恰与"风流"的态度极为融合，更加融合的是，他们并不是单纯地以此去解决问题，而是将"风流"根植进了作为世界观类型的东洋的审美样式。

平安时代末期，"风流"以一种独特的生活方式发挥了其救赎的功能，并大体呈现出了两种不同的走势。其一，是在保持着社会生活原本形态的情况下实现风流，即在"俗"中获取风流。这是通过各式各样的工艺品、歌舞音曲、容貌美化（化妆衣饰的艺术）乃至对恋爱的探求，在社会集团中确立的一种过度的、虚华的、好色的风流，这样的风流是官能的、物质的，因而也是殷盛且积极的，是对豪奢本身不加粉饰的美化。这样的风流即使在进入近世以后，也依然在花街柳巷与剧场之中昭彰着其旺盛的生命力，在中世的寺院、武家、庶民的典仪中亦未绝其迹。而对此具备特殊修养的人，则以特殊的宗教、道德、学问的修养为基础，搭建起了一个高度精神美的世界。那是于山水之间开办雅筵、赋诗饮茶的清逸风流，其最早出现于汉诗人之间，而后发达于茶道、俳谐、文人画中。乍看之下是一种游离于生活之外的雅趣，实际上置身其中之人皆是僧侣、学者、艺术家，这样的人以一般的世俗眼光来看本就做着极具游戏性的事情，故而此种风流必然会在脱离世俗生活的世界彰显其生命力。

如今，似乎普遍存在着一种仅将文人墨客与茶人俳人的清雅生活艺术视作风流的倾向，然而事实上俗人的嗜好亦占据了风流的半壁江山。就像森鸥外《涩江抽斋》（其二十三）中认为陶醉于角兵卫狮子亦不失为一种风流。芭蕉可以在奥州的插秧歌中见出风流，不也是俗中见雅的风流吗？而且，即便是不能完全理解认同芭蕉的西鹤，也是一位有着大风流的俳人。

及至平安时代，贵族主要是作为宫臣、官吏生活着，他们社会地位崇高，并未体会过僧侣、文人的特殊生活，因而其风流也并不具备特殊性，而是多表现为对生活中美好舒适的呈现。这样的贵族生活与庶民生活相比，本身就是一个拥有高度文明的特殊世界，与其说他们是游离于一般生活之外，毋宁说是对一般人所渴望的生活的一种实现。换言之，即是对"俗"之延长线上的"雅"的实现。可见，平安贵族的风流中虽然充斥着豪奢与好色的成分，但同时又包含着高雅的文笔与漫游山水的清逸，也就是说异质的风流在他们身上实现了浑融。然而到了中世以后，伴随着雅俗的判然分别，风流也表现出了雅与俗截然对立的状态。

从中世到近世，勃然兴盛的民间风俗舞蹈风调素朴粗野，而町人的好色风流与武士虚华的风流在贵族看来更是不免趣味低下，是一种与雅完全相对的俗，但不得不承认其中也展露着民众充满蓬勃的生活气息的风流。而清逸高雅的风流便与这种卑俗的风流相并行，相交流，在文人墨客之间流行开来，并分流向茶道、俳谐、书画、诗文、和歌等各个不同领域，以其精神性与信仰力有别于充满物质性与感受性的俗之风流。而在西鹤好色本及歌舞演剧的风流与芭蕉等人俳谐的风流之间，或许也有相重叠的区域，但总的来说，西鹤等人的风流更近于俗，而芭蕉等人的风流更近于雅。而今似乎出现了不将俗之风流视为风流的倾向，然而须知，不管是农村的连环画剧还是电影院的热播电影，都能够体现今天民众的风流。而鸥外将角兵卫狮子亦视作风流便是这个道理。

此外，对于"风流"，也有站在道德与宗教的立场对其加以阐释的必要。在中国，风流的原意中便有浓厚的道德意味，而后则逐渐以审美与艺术的含义为主了。在日本亦是如此。对于"风流"作为东洋审美的特性，前文已多有论述，但是，当将"风流"与"美"视为同一概念的时候，仍然会出现不少问题。第一，风流中事实上也存在着不少"美"以外的成分。譬如好色的风流中也附随着对性的兴味，华丽的风流同时伴生着种种奢侈的游戏与游兴，文人雅客清逸的风流又不免为宗教的思想与行为所支配，而国学家雅正的风流则与古来的学问道义交缠难解。如果将这些成分从风流的思想中过滤出去，剩余的应当便与美极为相近了。然而这样的"美"与发端于希腊而流贯于西欧各国文化中的审美意识也未必完全一致。

在"风流"中，最具"美"的特性的部分当属其所具有的具象性与直观性。风流，便是拥有风流之心的风流人做风流事，或将万物作风流观，其通常采用的是具象的、感性的形式，这也是审美意识的重要特征。若对事对物加之以议论说理，那也就不风流了。反之，富有情味而喜好感官之美，则是风流的。较之于科学性，风流显然是艺术性的。

其次，"风流"的又一特色便是其具备超脱性。所谓超脱，即是超越利欲的世界，到达一种静观的生活境界。其虽也不乏有与伦理相结合的可能，但往往更倾向于与宗教的结合，因为其是对以利害为中心的欲望纠缠的实践世界的脱离，是对精神纯粹自由的自律世界的实现。其与美的无利害性是相通的。而风流的游戏性与享乐性实则与美的无利害性是极为相似的。而且，美的意欲与普通的生活意欲是不同的。就像它不会去关心寒暑，只会沉浸于雪落纷纷的享受之中；就像"这成何体统啊，赏花人带着长刀"的俳句，赏花自是无尽风流，然而耍刀弄枪的极端实用本位、征服主义却极不风流。

第三，快感性也是风流的一大特色。风流就是以快乐为旨归的，是会为了赏雪而忘记寒冷的。这一风流的享乐性在好色、豪奢的场合未必意味着美的满足，或许只是单纯指向肉欲，但风流便是即使其与性欲相关联，亦有将性欲视作美的态度。可见，风流向上可关涉伦理宗教，向下则指向卑俗的肉欲，而风流的中心地带，则盘踞着被视作美之满足的享乐性。游于风流，则是指在秉持着超脱的静观姿态的同时，又拥有游乐享受的态度。也是在这个意义上，风流具备了美的救赎与解脱功能，使得苦恼的人生可以成为一片乐土。因而，比之于悲剧性，这个意义上的风流更明确地显示出了其喜剧性。正如美的本质即为优美一样，优美亦是风流的枢轴。而崇高、悲壮、滑稽虽则以一些异质性的物事呈现出了美各色各样的形态，但毋庸置疑的是，纯粹的快感性依然产生于优美，其他的美的范畴则包含着不快的甚至近乎于苦恼的成分。因而我们说风流是以优美为中心的，比之悲剧，它更是指向喜剧的。当然，正如崇高与悲壮（悲剧性）具有近亲性，优美与滑稽（幽默，或戏剧性）也具有近亲性，我们也可以从这个角度去思考风流。

风流就是免于不风流世界的束缚，建构一个可以享受纯一无杂的风流的世界，在这个意义上，风流是以纯粹的美（高度的优美）为生命的。然而，若不得不陷于与不风流世界的对决，不得不遭受不风流世界的压迫，那么，发挥幽默的精神，便会为逸脱与超越不风流世界提供可能。这也是一种别样的洒脱。对此，俳谐与南画中也多有体现。于是滑稽也被视作风流的本质之一，风流人往往也是蔑视世间的遁世之人，而俳谐的"寂"在某种程度上也被认为是滑稽的变形。

相比之下，风流与崇高、悲壮的距离则比较远，在这个意义上，比之"风流"，或许"哀"更为贴近。"哀"原本也更多表现为优美，但与风流相比其显然更具有与崇高、悲壮相通的要素。风流毋宁说更贴近"趣"。"趣"作为传统的审美观念，其中同时包含着叹赏与侮弄的双重意味，而美中的"趣"的成分，才是风流的生命。风流是明朗的，而非泪眼蒙眬严肃紧张的，它是宽裕的、含笑的，是于悠悠然的游戏之中得悟三昧的自在之境。

而当风流遭遇不风流的迫害之时，人难免会有所失控，但是激越的态度无疑是有失风流的。风流人必得是要如同得道高人般沉着淡然的。

风流是美，同时，风流中也须有爱。但若沉湎于爱，又会使风流丧失殆尽，或者至少会有损于风流。在缺乏爱的地方，除了单纯的漠然与争斗，大约也就不剩别的什么了，在这样的地方，没有沉浸于审美对象之中的体验，也便不会唤起人的风流之心。然而，太过深切的爱也正如本居宣长所说，其引发的更多是"悲"与"哀"，而非"趣"与"滑稽"。这也就是西方所说的激烈的爱终将走向悲剧。可称之为风流或"趣"的爱，是蒸馏之后的爱，它更加澄澈。特别是风流，其核心事实上是无关心的关心，是一个潇洒而清澄的世界。当然，它自然也具备美的特性，但只有当美打磨出静观的姿态时才堪为风流。一般而言，当深入爱的世界而产生"哀"与悲剧的时候，也往往会生发出深刻的美。但是，风流之美在很大程度上摒弃了这样深刻而沉潜的成分，而更倾向于浅而易见的透明清澄的超越之境。实际上风流源起于伦理却又能够靠向宗教的近旁，便是得因于其这一解脱的特质。因而可以说，风流既终止了"哀"与悲剧对伦理之美的拘泥，同时又沿着"趣"与喜剧的方向从宗教上解放了激烈之爱的囚固，风流中所包含的自由便伴随着这样的解放应运而生。我们说风流即如风如流，或如风之流，这样的解释虽难免偏于譬喻，但在表达风流的不羁性格方面，却无比恰切。

正是不拘泥于深刻、不执念于爱恨的东洋式性格，在审美的层面保证了风流的淡泊与洒脱，这也是身处自由缺失的封建社会制度压制之下而又能游离于现实生活之外，畅游于非社会性的自由之中的缘由。不过，在风流精神基本形成的日本平安贵族世界，其封建制度的特点尚不十分显著，因此其间既有封建社会特有的风流，也有不属于封建社会的风流。而非封建制度之下的风流所具有的超脱性、非社会性以及从爱中解放出来的要求，仔细想来，本就是在深感人生有限而绝对的自由与纯粹的爱难得之后产生的心境。这实在是极具宗教性的东洋的智慧。当然，即便了悟了人生的有限性，仍然不乏有人会以人力悲壮地追寻无限的生命，亦有人抱着追寻无限生命的希求，投入到极富伦理性的宗教信仰中。这样的现象在西洋的艺术、宗教中也并不鲜见，其也如同东洋的风流一般，秉持着性情根底里的浪漫，翱翔于洒脱的境界之中。若非要将此与封建社会联系起来，就不免失于偏执和偏颇了。即使是生于同一社会同一时代的人，也有风流和不风流之别，而使得他们走向不同方向的，比之社会的原因，社会背后的原因才更为根本，也更加难以解释。就像我们无法以社会性的原因去解释为何有人生而为男，有人生而为女一样，我们也无法用社会性的原因解释为何有人在精神性上呈现出了男性化的特征，而有人则呈现出了女性化的特征，那么，风流的精神的产生也是同样的道理。

就像柳里恭，作为德川时代风流人的代表，他对生而为人却不懂风流颇为不解。或许对于德川封建时代何以会产生像柳里恭这样的风流武者，我们可以从社会性方面去找到原因，但对于柳里恭对为何会存在不风流者的疑惑，单从社会层面却未必能够解释清楚。事实上，这个世界是否存在着能够生产风流的社会与不能生产风流的社会，是很难从社会性层面予以说明的。而像风流这样追求绝对自由之美的心的起灭，实则也是与并不完全自由的俗世生活密切相关的。假若人可以获得完全的自由，那风流之境或许也就显得无足轻重了。然而，人在现实中无论如何也无法获得完全的自由，或因为社会结构的不完备，或因为人这种生物的构造原本就不完美，若不逐一查检，是无法找到一个公式化的答案的，而以武断地、暴压的方式做出的解答，才是对自由最大的妨害。

我们不得不承认，风流作为过去的遗存，其中的确包含着封建的成分，在这个意义上，风流仅作为历史研究的对象而具备其价值。但风流更是东洋的精神，这样的精神在今后消散也好，逐渐磨灭也好，我们仍然不能否认东洋文化的存续。我认为风流与其说其具备封建性，毋宁说其具备的更是东洋的韵味。我不会轻易相信东洋文化灭亡的说法，自然，我也不信风流的思想已经消亡。

更重要的是，风流在封建社会出现的时候，是作为反叛的精神存在的，它代表着封建社会中非封建因素产生的契机。柳里恭出身武家，他认为武者之间少有不风流的情况。而否定风流的平和性并嘲笑其过于文弱的人，便多属武家或多是供职于武家的学者。风流的艺术也发生于町人、百姓之间，但他们是封建社会压迫下的被支配者，而非封建社会的支配者。可以说，风流显示的是那些苦于封建的非封建自由人的精神。故而像平安贵族那样封建性稀薄的阶层，方能尽享风流的自由。

而在封建社会终结之后，盛行于封建时代的风流看似也没有存在的必要了。但是风流的根本精神绝不是封建精神的枢轴，若能将其从封建的桎梏中解放出来，反而会完全展现出其本来的面貌。当东洋世界的封建制度被消除殆尽时，便是风流重获新生之时。此时的风流不再是封建压制之下歪曲的风流，但其仍然与西洋之美存在相异之处。当然，它并非不具有接近普遍美的样相，只是东洋的风土与民族性使其具备了自然与文化上的独特性，使得风流成其为风流。随着科学水平的提高，世界化的人生观的形成，我们或许会迎来一个风流稀薄的时代。但是即便日本的风土变得与欧罗巴相同，日本人的肤色也仍然不会改变，风流亦是如此，其作为美的一种存在方式，永远具备独特的属性和意义。

美，其实也通过发挥其根本的普遍性参与着统一世界的大业。风流自不妨害于此，但是，所谓世界化，想来应当并不是征服或者殖民化。由风流而生的东洋的美的天地，因其呈现的殖民地属性的风景，想来很难成长为世界化的美。毋宁说，是希腊系统的美与东洋风流的良性合流，创造出了新的普遍意义上的美。那未必是两种审美意识的混合或折衷，而是更有望生成两种样式的美的世界。这样一来，将会形成一种风流亦是美、美亦是风流的格局，两者的根底相通，而又各有相异之处，这恰是基于人类文化原本就不是同一的基本认知。因时间空间的不同，文化也必然呈现出种种不同的类型与样式，这才是现实的、历史的事实。随着时代的发展，新的时代当然也会产生新的风流，但我们也依然不能忽略其上留存着的旧日东洋的影子。

今后，日本的风流或许将不再被称为风流，或许将会呈现出新的样相，这新的变化大概更接近西洋的风调吧，而新时代的人们也或许只会看到这新的变化。然而，新的改变固然引人注目，但总有一些一以贯之的传统潜藏在不甚显眼的地方，那些一以贯之的东西在历经时代变迁之后，将会成为历史的研究对象。不知今后是否还会有人透过这夺人眼目的变化，发现变化背后的不变，书写一部新的风流的思想。

漱石的风流思想，是西洋的浪漫主义思想与写实主义思想结合之下形成的"则天去私"思想的一个部分，足可昭示大正时代新风流的特色。漱石的思想中无疑存在着封建主义与自由主义、个人主义的结合，也存在着东洋精神与西洋精神的交错，不可否认的是，他的风流思想正是处在封建主义与东洋精神的坐标点上，而且，较之于风流的思想，显然是西洋的教养在漱石的精神构造中显现得更为深广。

至于鸥外，随着对鸥外研究的逐渐深入，我意外地发现，鸥外的灵魂反而更多地盘踞在东洋的精神之上。也就是说，鸥外的世界化教养的表现，正是他并不像漱石那样露骨地展露出其思想中的东洋成分，而是更倾向于将一切都包纳在人的浑融的精神中。鸥外精神构造中的东洋成分（有时也表现为封建的成分），也正是人类精神世界中蕴含的东洋性的成分。面对风流，比之于将其视作一个特殊的世界，鸥外更倾向于将其发展成为普遍的、世界性的美，他也在为此而努力。而他的风流思想，正是在沿着这条道路前行的过程中不知不觉由内而外晕染出的东洋之色。

若要说鸥外的思想内部是否也存在一种类似于漱石的"则天去私"的精神，那么此前提到的"谛念"或许最为恰切。我在《日本艺术思想》的第三卷中，便以《鸥外与谛念》为题对这一问题进行了力所能及的探讨，而第四卷的题名至今尚未公开，我大约会从《万叶集》、《源氏物语》、近松以及藤村等的核心思想出发去考察其中的爱的精神（从日本的传统美学而言，即为"物哀"）以及其最终命运，在第四卷中，我将会进一步阐明，作为日本艺术思潮的核心，比起东洋性，更须强调日本性。事实上，日本式的爱与日本式的爱的命运，原本就是具备其独特性的。

　　《风流美学》是恩师王向远教授所设计的"日本美学十八家译丛"其中之一。自跟随老师学习之始，就常听老师提及对于译入并建构日本美学乃至东方美学体系的宏大构想。如今，能够参与到日本美学建构的基础性翻译工作并负责《风流美学》一卷，我深感荣幸，也深知责任重大。加之"风流美学"于我而言，不仅是学术路上数年来的心之所向，是一次重要的选题开拓，同时也是庸常生活里促动自己于不风流中见风流的内心修炼，因而翻译时自然更加珍而重之。

　　本书原题为《风流的思想》（『風流の思想』），是日本著名美学家、文艺理论家冈崎义惠站在东西方美学比较的立场上，对发源于中国的"风流"进入日本后与日本传统美学结合而产生的"风流美学"的研究名著，其中大半内容是冈崎义惠在东北帝国大学（现日本东北大学）任教时的讲义。本书为凸显其美学研究的属性，故将题名改为《风流美学》。

　　感谢责任编辑姚东敏老师，为了此书能够顺利出版付出的诸多辛苦与努力，以及对译稿的耐心等待。

　　笔落之时，举国皆受新冠疫病之苦，却不防窗外有烟花四起，绚烂至极，心中一时无限感动。风流的根本，不正是在苦痛之中仍不忘对蓬勃生命力的张扬和对美的渴求吗？娑婆世界，四苦八苦，这人世人生岂能尽是美好，那么，在体悟到世界的不风流之后，仍能于不风流中寻求超越、得见风流与美，大约就是冈崎义惠《风流美学》给予我们的最好馈赠了。对此，我另于本书卷首译序《于不风流中见风流——日本"风流"论》中展开了论述，希望能对读者理解日本"风流美学"有所助益。

于 2022 年末